现代农业实用技术系列丛书

养猪生产流程

何国新　主编

中国农业大学出版社
·北京·

图书在版编目(CIP)数据

养猪生产流程/何国新主编. —北京:中国农业大学出版社,2016.12(2018.11重印)

ISBN 978-7-5655-1760-0

Ⅰ.①养… Ⅱ.①何… Ⅲ.①养猪学-生产流程 Ⅳ.①S828

中国版本图书馆CIP数据核字(2016)第305139号

书　名　养猪生产流程
作　者　何国新　主编

策划编辑　赵　中　　　责任编辑　王艳欣
封面设计　郑　川　　　责任校对　王晓凤
出版发行　中国农业大学出版社
社　址　北京市海淀区圆明园西路2号　邮政编码　100193
电　话　发行部 010-62818525,8625　读者服务部 010-62732336
　　　　编辑部 010-62732617,2618　出　版　部 010-62733440
网　址　http://www.cau.edu.cn/caup　**E-mail** cbsszs@cau.edu.cn
经　销　新华书店
印　刷　北京鑫丰华彩印有限公司
版　次　2017年4月第1版　2018年11月第3次印刷
规　格　787×1 092　32开本　6.5印张　120千字
定　价　15.00元

内容提要

本书从养猪生产实际出发，结合现代养殖模式，以养猪生产流程为主线，介绍了各阶段的操作程序以及完成各阶段生产任务的实用关键技术及必需的理论知识。内容丰富、结构合理、图文并茂、通俗易懂，具有较强的适用性、实用性。适合新型职业农民培训和养猪爱好者自学使用。

编写人员

主　编　何国新

副主编　罗　冀　刘攀峰　张桐源

编　者　何国新（抚顺市农业特产学校）

罗　冀（抚顺市农业特产学校）

刘攀峰（抚顺市农业特产学校）

张桐源（抚顺市动物疫病防控中心）

林立坤（抚顺市农业特产学校）

刘　冰（抚顺市农业特产学校）

郭廷俊（抚顺市瑞丰饲料厂）

邱丰然（沈阳生容享食品销售有限公司）

林　楠（抚顺市新宾县南杂木动物卫生监督所）

崔玉国（沈抚新城李石经济区管理委员会）

总　序

把从业农民招进校门，把教室设在田间地头、果园、畜舍，把课堂办在离农民最近的地方，实行"农学交替"，让农民朋友能够边学习、边生产、边创业，在学习中不断提升实践技能，将农民朋友培养成有文化、懂技术、会经营的农村实用型人才。在国家改革发展示范校的建设中，我校将这种培养模式确定为"送教下乡"人才培养模式。这样既符合职业学校"人人教育、终身教育"的办学理念，又符合中等职业学校"为生产、服务、管理第一线培养实用人才"的人才培养目标定位。

随着"送教下乡"教学工作的有序进行，我们发现给从业农民使用的国家统编教材课程内容追求理论知识的系统性和完整性，所涉及的知识理论性强，并且过深、过难；教材更新周期过长，知识更替缓慢，课程内容不能及时反映新技术、新工艺、新设备、新标准、新规范的变化，所学技能落后于当前农业生产实际。统编教材与农民朋友生产需求相差甚远，严重影响了"送教下乡"农民朋友学习的积极性。因此，为了满足教学的需要，我们根据农民朋友知识结构和生产项目等的特殊性，进行深入的调研，编写了这套《现代农业实用技术系列丛书》，共八册。

本套丛书从满足农民朋友生产需求，促进农民朋友发展的角度，在内容安排上，充分考虑农民朋友急需的技术和知识，突出新品种、新技术、新方法、新农艺的介绍；同时注重理论联系实际，融理论知识于实际操作中，按照农民朋友的知识现状和认知规律，介绍实用技术，突出操作技能的培养。让农民朋友带着项目选专业，带着问题学知识，真正达到“边学边做、理实一体”的学习目标。

由于农业技术不断发展和革新，加之编者对农业职教理念的理解不一，本套丛书不可避免地存在不足之处，殷切希望得到各界专家的斧正和同行的指点，以便我们改进。

本套丛书的正式出版得到了蒋锦标、刘瑞军、苏允平等职教专家的悉心指导，以及农民专家徐等一的经验传授。同时，也得到了中国农业大学出版社以及相关行业企业专家和有关兄弟院校的大力支持，在此一并表示感谢！

抚顺市农业特产学校

2016 年 10 月

前　言

自2014年以来,生猪价格逐步上升。2014年,生猪最低价在4月份,每千克10.76元,最高价在8月份,每千克15.09元;2015年,最低价在3月份,每千克11.97元,最高价在8月份,每千克18.45元;2016年,5月份价格达到年内最高值,每千克21.06元,10月份最低,每千克16.31元。从最低价和最高价分析,连续3年递增。因此,养猪依然是农民致富的一个良好渠道。规模化、集约化、自动化、标准化养猪逐渐成为养猪业的主流。在目前形势下,清洁养猪势在必行,生产绿色猪肉已经成为必然选择,养猪生产对技术的要求不断提高。但是相当一部分养猪经营者欠缺养猪知识,更缺乏科学的养猪经验,其专业知识和操作技能都亟待提高,我们因此编写了这部《养猪生产流程》。

编写目标:

本书注重综合能力的培养,在尊重科学的前提下,将生产技术加以提炼,使其成为简明扼要、图文并茂、通俗易懂、实践性强的实用工具书,目的是使新型职业农民在创业致富过程中,逐步掌握较扎实的养猪基础知识和基本操作技能,成为懂技术、会管理、能创业、具有创新精神和较强实践能力的高素质劳动者。

主要内容及编写分工：

本书将养猪各生产阶段操作技术全部囊括其中。何国新担任主编。编写分工为：内容提要、前言、第二章（猪种识别）、第三章（利用猪的生物学特性和行为学特性指导生产）、第六章（仔猪培育）、第七章（保育猪饲养管理）由何国新编写，第一章（猪场环境控制）由林立坤编写，第四章（猪场疫病防控）由罗冀编写，第五章（种猪饲养管理）由刘攀峰编写，第八章（育肥猪饲养管理）由张桐源编写。书中插图手绘部分完全由何国新绘制，照片绝大部分为何国新拍摄。刘冰进行文字校对，郭廷俊、邱丰然提供饲料、阳光猪舍和“绿色”猪肉生产信息及猪场建设编写指导，林楠和崔玉国进行疫病防控体系编写指导。

创新点：

本书作为重要的养猪技术指导书，从生产角度上看，引入了最新实用技术（如去势不用刀、电子识别供料、电地热温床、阳光猪舍、“绿色”猪肉生产等），彰显了本书的先进性；选取的实用的案例能够解决特殊情况遇到的实际难题；编入的经验做法完全适合生产实际，一看就懂、一学就会、一做就成功。该书适合于新型职业农民及其他读者培训和自学使用。同时也适合做职业教育教学参考书。

本书在编写过程中，得到了抚顺连生牧业有限公司经理、养猪专家于连生老先生，抚顺宏业牧业有限公司经理余萍、刘志刚的热情指导。书中部分图片来源于抚顺连生牧业有限公司、抚顺市瑞丰饲料厂以及学生和朋友，在此深表谢意。

由于作者水平有限，在猪场工作时间较短，经验不足，编写时间仓促，书中错误和不足之处在所难免，恳请广大读者批评指正。

编　者

2016年12月

目　录

第一章　猪场环境控制

猪场的环境控制主要是系统化地对猪场的选址、规划、建设等各个方面进行调控与管理。它使得猪场在选址建设的过程中能够规范化和科学化，保证猪场各部分都能够合理地建设在指定部位，使猪场日常生产能够顺利地进行。猪场的环境控制主要包括主要包括场址选择、场区规划、猪舍建筑设计、猪舍环境控制等四个方面。其中猪场规模确定与选址是指在猪场规划建设之前，要对猪场的饲养规模有一个明确合理的认识，之后再根据自身的饲养规模来合理地选择适宜猪场自身发展的场址。场区规划设计则是指在确定适宜场址之后，要根据场址所处的自然环境来进行合理的规划布局，将猪场内的各个部分规划在各自合理的位置上。各类猪舍的建筑要求是指在猪舍建设的过程当中，根据各类猪舍的实际需要按照科学的标准将猪舍的每一个部分和设施进行合理的搭建和安装。小环境气象指标的控制则是在猪舍建设完成以后，对猪舍内部的温度、湿度、通风和光照等气象指标加以控制，从而保证各类猪群生活在适宜的环境当中。总之，猪场的环境控制就是对猪场环境从宏观到个体的全方位控制，最终达到方便生产、适宜饲养的目的。

第一节 场址选择

场址选择是养猪的首要内容,也是养猪成功的保证。在猪场规划建设之前,要根据自身的饲养规模来合理地选择适宜的场址,保证养猪能在健康无忧状态下有序进行。选择场址时力求科学、合理、可行,主要从以下几个方面进行选择:一是从防疫和环保的角度进行选择,对生产区及周边环境同时进行考虑;二是从地理条件角度选择,地形地势都要符合养猪要求,电力供应要求稳定充足,在不影响防疫的前提下,保证交通便利。

只有适宜的生产环境,才能够为养猪生产打下良好的基础,所以在进行场址选择时一定要把防疫、地形地势、电力供应、交通条件等考虑进去。

一、从防疫和环保角度选择

1.从防疫角度选择

在选择场址时,首先注重卫生防疫,不仅仅考虑生产区,同时要把生活区、生产管理区和病畜隔离区等的防疫规划全都考虑进去。具体可以从如下两方面考虑。

(1)查看附近建筑情况,如附近是否建有医院或兽医院、屠宰场、垃圾处理厂、农贸市场、动物交易市场、污水处理厂等,也不应建在离居民区较近位置,起码距离 1 000 米以上。

(2)选择场址前要对当地进行必要的考查,如以前此地是否有猪场或其他养殖场的建场历史，是否建过垃圾场，附近是否有过大的疫病流行等。

2. 从环保角度选择

(1)不要建在重型钢铁厂附近，也不要建在采石场、打靶场附近，避免噪声危害。

(2)注意环保，垃圾不能污染周边环境，也不能被周边环境污染猪场。上风向不能有农药厂、砖厂、碳素厂、垃圾处理场等，避免受到空气和粉尘污染。

二、从地理条件角度选择

1. 从地形地势角度选择

在地势的选择上应尽量选择地势较高、平坦、背风向阳的地方。猪场要有足够的面积，不能选择在狭长或者地形变化复杂的地方建场。

(1)选择地势高燥、背风向阳，地面平坦且稍有缓坡(坡度一般在3%之内为宜，方便排水即可)，地下水位低(应在2米以下)的地方建场，避免在河道的下游或河中岛屿上建场。

(2)选择地形开阔地带建场，避免建在山涧或悬崖下，也不应建在山的背后(阴面)。要考虑管理区、生产区、污物垃圾处理区的合理安排。污物垃圾处理区必须在下风向相对位置较低处。

(3)选择周围不受自然侵害的地理位置，尽量不在风沙大的开阔区或容易积雪的山口建场，以免遭受沙尘和积雪掩埋。

2.从电力供应角度选择

保证电力供应良好无故障尤为重要，特别是大型的集约化猪场，必须具备充足和稳定的电力供应，最好是双源供电，一方供电故障，马上切换到另外一方，以保证供电。如附近电力供应条件较差，最好不在此处建场。

3.从交通条件方面选择

猪场交通畅通是保证饲料运输、垃圾运送和畜产品快速运出的必要条件。一般大猪场要求铺设进出双排车道，场区内道路最好是“单行线”，饲料等运输车辆不走“污染区”，污物拉运车辆不走“清洁区”。同时还要考虑避开国家交通主干道，一般要求距铁路和国家一、二级公路不能少于500～800米，最好在1 000米以上，距三级公路不能少于300～400米，距四级公路不能少于100～200米。

第二节 场区规划

场区的规划设计是指在确定适宜场址之后，根据场址所处的自然环境来进行合理的规划布局，将猪场内的各个部分规划在各自合理的位置上。

一、从方便生产角度规划

场区规划科学、合理、适用，是保证生产顺利进行的基本条件。

1. 生产区

生产区要建在场区的核心位置，其他附属的机构如各种后勤保障建筑应设计在生产区附近，以利于各种物资供应，方便生产（图 1-1）。而管理区以及生活服务区人员繁杂，应尽量远离生产区，以保证猪场的“清净”。

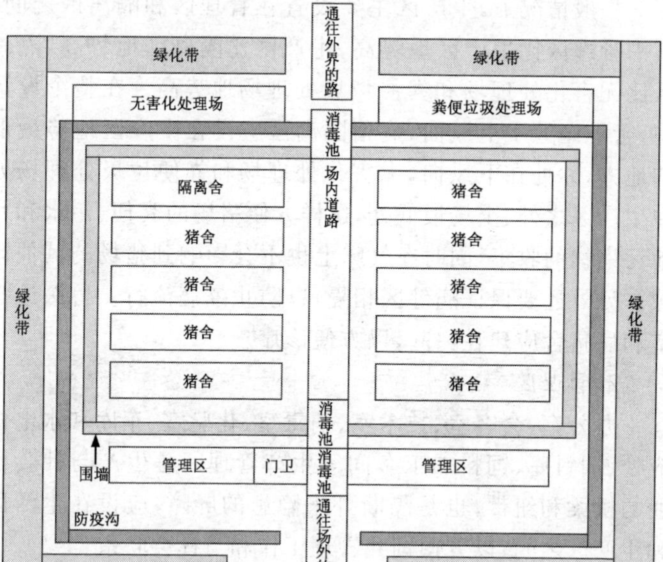

图 1-1　场区规划设计模式图

各类猪舍和生产设施是猪场最主要的区域，生产区应“与世隔绝”，场周围是围墙，围墙外围是防疫沟，防疫沟外围是绕场路，路的外围是绿化带。场区内有一条前后畅通的场内路，但是，只可以前门进后门出，绝对不允许后门进前门出。生产区靠近无害化处理场和粪便垃圾处理场的边缘应该设病畜隔离区。办公区与生产区有围墙相隔，病猪隔离区也有围墙与生产区隔断。大门、二门、后门都设有消毒池。

一般情况下，生产区主要设置在管理区和隔离区之间，其中管理区比生产区地势高，生产区比隔离区地势高，隔离区比无害化处理场和粪便垃圾处理场地势高。在整个设计中，管理区处于上风向，病猪隔离区应设在生产区地势最低的地方，并处在下风向，无害化处理场和粪便垃圾处理场处在生产区之外、全场最低处，这样方便猪场的粪便、污水和其他污染物的收集，同时在气味上也不会影响到猪场的其他区域。另外还要保证病健区相隔，以防止疫病流行。兽医诊疗室和病猪舍应建在一起，以方便诊疗。

2.管理区

办公室、会客室、技术室、消毒室、化验室、车库和水电供应处、饲料库、饲料加工车间等生产管理区是生产与社会沟通的桥梁和纽带，也是隔断外来隐患的屏障，应设在生活区和生产区之间，以方便饲养管理工作和与社会联系。

(1)办公室、会客室是猪场开展日常管理和经营的主要场所，也是外来人员频繁出入的地方，应尽量选择在远离生产区的地方，以减少外界因素对猪场的影响，方便日常工作的顺利进行。

(2)技术室、消毒室和化验室是猪场的辅助设施，是开展一些特殊技术操作和有针对性工作的场所，在规划时应尽量考虑其特殊作用，将其建于生产区附近，以方便日常的化验、消毒等工作。

(3)饲料库和饲料加工车间建在一起，并距离饲养区较近，这样能够方便猪场的饲料加工和近距离、短时间内运输到饲养区。

(4)车库和水电供应处应与生产区保持一定的距离，既要考虑到方便日常生产，又要做到减少尾气和噪声的污染，以减少对猪场的影响。

3. 生活区

生活区是职工在工作以外的主要活动区域，通常包括职工食宿场所和文化活动室等，是职工在工作之后良好休闲娱乐的重要场所。必须有良好的管理，让大多数职工满意。

二、从利于防疫角度规划

防疫是猪场工作的重中之重，所以在规划设计上必须重点考虑防疫问题。

1. 生活区

设立在猪场外距离猪场至少500米以上，地势最高的上风处，避免生产区的气味和污物对其污染。同时也要防止生活区的人为因素和生活垃圾对猪场造成污染，并防止人畜共患病的流行。

2. 生产管理区

设在生活区和生产区之间，以方便饲养管理工作和与社会联系。

生产管理区和生产区要设置齐全的防疫设施,同时也要防止猪场与饲养无关的职工进入生产区,以免给防疫工作带来不必要的影响。

3. 生产区

这是猪场最主要的区域。一般情况下,管理区比生产区地势高,生产区处在管理区的下风处、病畜隔离区的上风处。这样可以保证生产区不会污染到管理区和生活区,防止人畜的交叉感染。

4. 病畜隔离区

整个病畜隔离区应设在猪场生产区内地势较低的地方,并处在下风和偏风处,并时常注意消毒和防护。

第三节 猪舍建筑设计

猪舍的合理布局和科学的规划设计对建立良好的饲养环境和提高生产效率有着非常重要的作用。

一、猪舍朝向的设计

1. 按猪舍科学采光进行设计

在寒冷季节,力争太阳光线直接进入舍内,形成“温室效应”;到炎夏,尽量减少太阳光线直射舍内,以降低舍内温度。猪舍朝向不同,日照效果不一样,不同朝向的围护结构所接受的太阳辐射差异也很大。猪舍在无遮挡情况下,得到的太阳辐射热量与太阳辐射强度和太阳照射的面积成正比。南向舍在冬季南墙光照较多,辐射的热量也最多,由于冬季光照角度降低,舍内光照时间较长,接受阳光辐射热较多利于提高舍内温度;夏季太阳高度角大,进入舍内的直射光线较少,如果同时增加舍内的通风,就能够起到防暑降温的目的,在整体上做到了猪舍的冬暖夏凉。

东西朝向的猪舍冬季得到的辐射热最少,舍内阴冷,不宜采用。

2.按当地的风向进行设计

合理利用主导风向对保持舍内空气清新和调节舍内温度大有益处。在我国,夏季盛行东南风,冬季主要是东北风或西北风,因此向南猪舍最为适宜。冬季防风,减少冷风吹入猪舍,夏季又有利于通风,起到防暑降温的效果。

二、猪舍建筑结构的设计

1.地基设计

要考虑到地基是承受整个建筑物的土层部分,关系到建筑物的牢固性和使用年限。由于猪舍对土层的负荷一般不高,所以多采用自然地基,一般具有一定厚度的沙壤土或碎石土较好,这样既具有牢固性,又具有较好的渗水性。

基础是建筑物埋入土层下的部分,是直接承受建筑物重量的主要结构。必须牢固、耐火、耐水,具体形状呈梯形,以减少建筑物对地基的压力。深度在 50～70 厘米之间，以确保基础的稳定性。

2. 墙壁和屋顶设计

墙壁和屋顶是猪舍建筑的外围结构，是用来直接隔绝外界环境的，必须结实耐用，保温保湿效果好。特别是屋顶的使用材料，由于在夏季太阳辐射量大，热量会由屋顶传入猪舍内，使猪舍温度升高；冬季猪舍内的热量又会通过屋顶散发到外界环境中，所以屋顶以采用保温、不透水气、轻便、不易腐烂的材料为宜。猪舍墙壁主要采用砖墙或石墙，不宜采用土墙。

3. 地面设计

猪舍地面是饲养人员和猪生产活动的场所，与土层直接接触，易传热和渗水返潮，必须结实耐用，不易渗水，隔热效果好，耐冲刷、耐受酸碱腐蚀，光洁但要防滑。在建造地面时要保证其平整、坚实、保温，坡度在 3%～4%之间，有利于排水。目前主要是砖石地面，如果做成下有防水层的空心地面或可以加热的地面最理想。目前电热取暖在各地都已出现，灯塔市“年牌”电地热线很受欢迎(图 1-2)。

4. 门窗设计

门是出入圈舍的必经之路，窗是猪舍采光的主要建筑结构，也可以用于通风，调节舍内温湿度。其中双列式猪舍中间过道双扇门要求宽 1.5 米，高 2 米；单列式猪舍门宽 1 米，高 2 米。猪舍圈栏门宽 0.8～1 米，高度以方便作业为宜。窗户平时用于采光和通风，大小主要以采光面积与地面面积之比计算，繁殖猪舍要求 1：(8～10)，育肥猪舍要求 1：(15～20)。窗台距地面 1.1～1.2 米，窗顶距屋檐 0.4 米。窗户的大小和具体数量要根据猪舍采光和当地的自然气候条件决定。

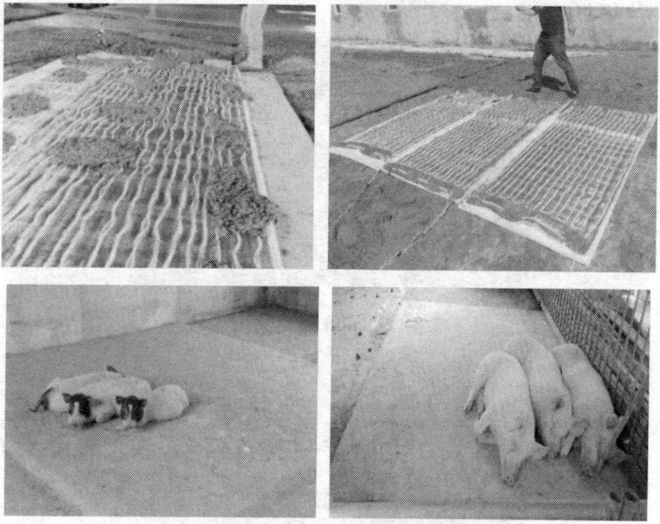

图 1-2　电地热温床

(上二：制作电地热温床，下二：猪在电地热温床上)

三、根据猪舍内猪栏的列数设计

1. 单列式猪舍

单列式猪舍(图 1-3)的猪栏排成一列，靠北墙设饲喂通道，舍外可设运动场，跨度在4～5米之间。这种猪舍的主要优点在于结构简单，建设成本低，材料要求简单，采光和通风较好，能保证较好的舍内空气环境。缺点是圈舍利用率较低，冬季保温效果较差。单列式猪舍主要适用于养猪专业户和种猪场。

图 1-3　单列式猪舍

2. 双列式猪舍

双列式猪舍(图 1-4)的猪栏排成两列，在两侧猪栏的

图 1-4　双列式猪舍

中间设置通道，以方便喂料和日常的管理，跨度一般在8～10米之间。这种猪舍的优点主要是猪场土地利用率较高，日常管理操作方便，保温性能较好。缺点是北侧猪舍采光较差，易潮湿，温度较低。双列式猪舍一般适用于规模化养猪场。

3.多列式猪舍

多列式猪舍的猪栏排成三列以上，一般跨度在10米以上。优点主要是土地利用率高，易保温，饲养管理方便。缺点在于猪舍采光差，通风较差，圈舍阴暗潮湿，容易引起疫病流行。一般情况下较少使用。

四、根据猪舍的使用目的设计

1.公猪舍设计

对于小规模猪场可分别建立公猪舍和母猪舍，多采用单列开放式的饲养模式。在集约化或大规模猪场，常将公猪栏和母猪栏设置在同一猪舍内，以方便日常的配种管理，公猪一般采用圈养，每圈一头，圈长3～5米，宽2.4～3米。公猪舍内通常设置采精室。

2.妊娠母猪舍设计

妊娠母猪舍（图1-5）可设计成单列式或双列式，如果是小规模的猪场也可采用单列开放式圈舍。舍内圈栏的要求同配种舍。

3.产仔母猪舍设计

产仔母猪舍多采用有窗密闭式，舍内配置有产床。产床

图 1-5　妊娠母猪舍

要求长 2.2 米，宽 1.8 米，两列三走道或三列四走道，并配有供暖设备和供水设备。

4. 断奶仔猪舍设计

断奶仔猪舍也采用有窗密闭式，舍内要求配置保育网，以保证仔猪的生长发育(图 1-6)，每个保育网要求 3 米^2，能容纳仔猪 8～12 头，两列三走道或三列四走道，同时配备供暖设备。

图 1-6　断奶仔猪舍

5. 育肥猪舍设计

育肥猪舍(图 1-7)最好设计成单列式或双列式。具体选择哪种方式可根据猪场的饲养规模而定。多采用实体地面，部分漏缝或全漏缝的地板群养，要求饲养密度在 0.35～1.0 米^2/头之间，每圈可养 10～15 头。

图 1-7　育肥猪舍

五、根据猪舍屋顶的结构设计

主要有单坡式、双坡式、联合式、平顶式、圆顶式、钟楼式、半钟楼式，见图 1-8。

1. 单坡式猪舍设计

单坡式猪舍一般跨度都较小，多用于单列式猪舍，主要特点是结构简单，成本较低，舍内通风采光好，一般适用于小规模和专业户饲养。

2. 双坡式猪舍设计

双坡式猪舍是一种较为常用的猪舍，能适用于各种跨

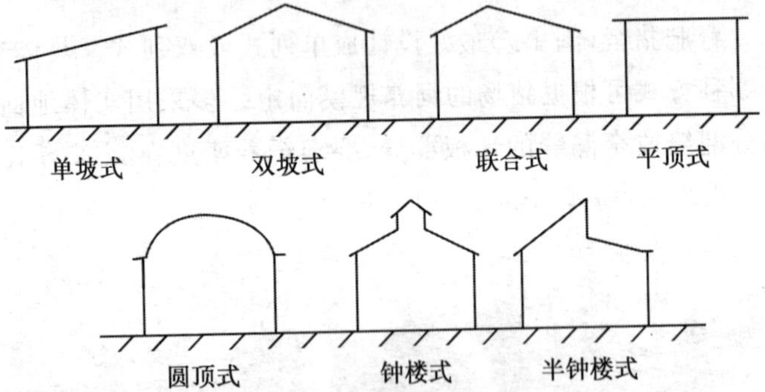

图 1-8　猪舍屋顶样式模式图

度，特别是跨度较大的双列式猪舍和多列式猪舍。其优点在于保温效果好，节约占地面积，但要求建筑材料严格，投资较大。

3. 联合式猪舍设计

联合式猪舍是介于单坡式和双坡式之间的一类猪舍。主要是根据猪场的实际情况，合理地选择联合式猪舍。

4. 平顶式猪舍设计

平顶式猪舍适用于各种跨度，只要保证做好屋顶的保温和防水，就能有较长的使用年限，但其缺点在于建筑成本较高。

5. 圆顶式猪舍设计

圆顶式猪舍就是将屋顶制成拱形，具有隔热效果好、方便排水、造价低廉的优点，但由于其建筑材料多采用轻便的泡沫加钢架结构，所以要注意防火和防鼠害。

6. 钟楼式或半钟楼式猪舍设计

钟楼式猪舍是在双坡式猪舍的基础上在其屋顶设置一个突起的天窗，天窗长度与舍顶等长，方便通风换气和猪舍内部的采光，在夏季利于防暑降温，但冬季保温效果较差，所以不建议在较为寒冷的北方地区使用。

第四节　猪舍环境控制

猪舍内的小气候气象指标控制主要包括温度控制、湿度控制、光照控制、气流控制和噪声控制等。

一、温度控制

适宜的环境温度是保证猪正常生长发育、产肉和繁殖的先决条件。但因为猪的年龄、类型(表1-1)、品种的不同而有不同的要求，所以对猪场温度进行控制就要采用一定的方法和参考一定的标准。

在寒冷地区，通过猪舍的隔热设施来有效地保住猪在活动中代谢产生的热量，以达到适宜的环境温度。在炎热地区，也同样通过猪舍的隔热设施，并通过降温设备以克服高温的影响。

表 1-1 不同年龄和不同类型猪的适宜温度

日龄或猪的类型	适宜温度/℃
日龄	
0～3	34～35
4～7	32～34
8～15	30～32
16～28	28～30
29～56	26～28
类型	
幼猪(体重在 40 千克以下)	24～26
育肥猪(体重在 40 千克以上)	19～24
成年猪	17～19
分娩母猪	18～22

1. 猪舍的防寒控制

(1)猪舍的保温隔热要求　猪舍失热最多的天棚、屋顶、地面和墙壁,应选用保温性能良好的材料修造,设有隔热层,并且要达到一定的厚度。除用合理的保温材料外,还应适当降低猪舍的净高,在不影响工作的前提下,尽量减小举架高度,有利于猪舍的保温。

(2)猪舍的采暖　在北方进行猪场设计、施工时要把人工采暖问题考虑进去。猪舍的采暖分为集中采暖和局部采暖两种形式。集中采暖主要是由一个集中热源进行加热,将加热后的热水或热气通过管道输送到猪舍内进行加温。局部采暖则是由火炉、电热器、红外线灯等就地局部进行加热，以提高局部温度。

2. 猪舍的防暑降温

猪舍的防暑降温工作在一定程度上要比冬季的保温工作更加困难：一方面，利用猪舍的隔热设备降低热传导，减少外界环境高温对舍内温度的影响；另一方面，保证合理的通风，增加舍内空气和外界新鲜空气的交换，靠气流起到降温的作用，目前用电扇降温的较多。除此之外，为防止舍内温度过高，可增加猪场的绿化，利用植物的蒸腾作用和光合作用降低周围环境的温度。猪舍屋顶应尽量为灰色或白色，通过光线反射防止猪舍温度过高。

二、湿度控制

在猪舍的环境管理上，湿度过高或过低都会影响猪的正常饲养管理（表 1-2）。湿度过高易出现呼吸系统、消化系统和寄生虫方面的疾病，饲料易发生霉变，金属物品易生锈。湿度过低，环境干燥，不利于饲养环境的控制，易造成仔猪脱水。

表 1-2　各种猪舍适宜的相对湿度

猪舍的种类	适宜的相对湿度/%
公猪舍	60～70
母猪舍	65～75
幼猪舍	65～75
肥猪舍	65～75

当猪舍内湿度过高时,可合理地进行通风,以排出舍内过多的水汽,促进地面水分的蒸发,来达到降低猪舍内湿度的目的。但在冬季,要注意防止舍内温度降低。

三、光照控制

猪舍的光照可分为自然光照和人工光照两种。无窗的猪舍则完全利用人工光照,有窗的猪舍以自然光照为主,以人工光照为辅。

目前依靠电脑自动控制的无窗猪舍在我国北方普通猪场还没有见到。有窗猪舍的自然光照受多种因素的影响,如猪舍的朝向、窗户的大小、阳光的入射角度和玻璃的透光性等,在猪舍的规划设计上都要考虑进去。为了保证猪舍有较好的光照,猪舍的朝向应是坐北朝南,冬季有利于光照入舍和升温,夏季可防止强光照射,有利于防暑降温。窗户的面积越大,进入猪舍的光线就越多。入射角度和透光性越大,越有利于光照。在相同面积的情况下,立式窗要比卧式窗透光角大。

四、气流控制

对猪舍气流的控制主要通过控制通风来实现。通风不仅能够降低猪舍内的温、湿度,还能够与外界环境进行空气交换,保证猪舍内的空气新鲜。猪舍的通风方式主要分为自然通风和机械通风。

自然通风是利用自然界的风力和温差进行舍内外的空

气交换。自然通风通过开启的门、窗、棚顶天窗和猪舍通风管道等方法实现通风。

机械通风主要是在炎热的夏季，自然通风达不到正常通风要求时利用机械来保证持续或充足的通风换气。机械通风的方式包括负压通风、正压通风和联合通风。

五、噪声控制

噪声主要是由于猪场周围环境的工厂、公路、铁路和其他人工设施的声音对猪生产带来的声音影响。所以在建场时就要与上述的设施保持一定的距离，并且还要在猪场周围种植阔叶树木，建筑高墙，对减少噪声可起到一定的作用。

猪场的环境控制是现代化养猪场能否顺利开展日常生产的基础和保障，是一个猪场饲养管理是否科学合理的重要标志，所以做好环境控制工作对猪场来说尤为重要。

随着我国商品经济的不断发展，现在许多规模化、现代化的猪场或养殖户在猪的饲养管理、繁殖、饲料、疫病防治、环境控制等方面都或多或少采用了先进的科学技术和饲养设备，这使得我国的养猪业生产水平有了明显的提高。我们在猪场的场址选择、猪舍建筑、舍内小气候控制等方面也要适应养猪技术发展的要求，为整个猪场的健康发展打下良好的基础。所以，为了拓展新技术，提高养猪生产水平，广大养殖户和猪场经营者们可以在条件允许的范围内努力尝试新技术和新设备，使养猪水平不断提高。

第二章 猪种识别

第一节 主要地方猪种的识别

一、我国地方猪种的特点

1. 优点

适应性强。相对于引入猪种来说,我国猪种对当地的适应性都很强,气候的变化一般不会引起较大的不适,因此抗病力要比引入的猪种强得多。对饲料要求也不特别苛刻,在较差的饲料条件下,我国猪种要比引入猪种长势好。产仔数相对较多,特别是我国江海型的太湖猪产仔数居世界之首。

2. 缺点

我国猪种相对来说生长慢,瘦肉率低,饲料利用率较差。这些都有待于不断改进和提高。

二、几个主要的地方猪种的识别

1. 民猪

民猪(图 2-1)主要产于我国的东北和华北地区。被毛为黑色，头较窄，嘴直且长，两耳较大且下垂，体躯狭窄，背腰平直，臀部倾斜，腹部下垂，四肢粗壮。乳头 7～8 对。成年公猪体重在 180～200 千克，成年母猪体重在 140～160 千克。鬃毛较多，冬季有绒毛丛生。民猪具有适应性强、耐粗饲、抗病力强、产仔多、肉质好等优点，但生长速度和瘦肉率等不够理想。辽宁省畜牧科学研究院家畜家禽遗传资源保存利用中心尚有部分小型民猪。

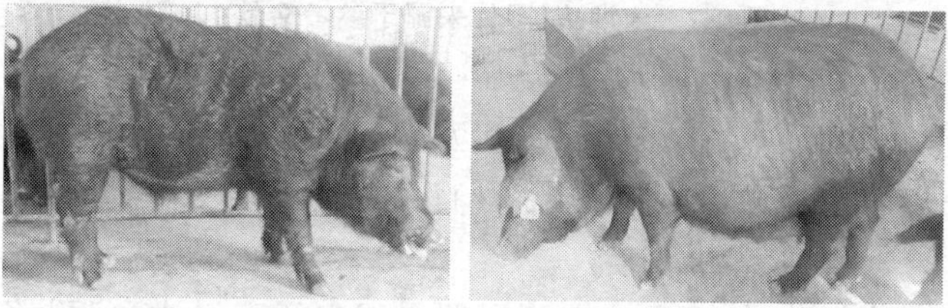

图 2-1　东北民猪(图片来源于抚顺市农业特产学校)

识别要点：被毛为黑色，头较窄，嘴直且长，两耳较大且下垂，体躯狭窄，乳头 7～8 对。

2. 太湖猪

太湖猪(图 2-2)主要产于我国长江中下游的太湖地区。被毛全黑或青灰色，个别完全或不全“六白”，头大额宽，额部有深褶，耳特大、下垂。臀腿欠丰满。腹大下垂，乳头 8～9 对或更多。太湖猪有 7 个品系，体重大小差异较大。成年公猪体重在 140～200 千克，成年母猪体重在 120～180 千克之间。该猪具有繁殖力高、肉质好、耐粗饲的优点，但生长慢、瘦肉率低(瘦肉率40%左右)。

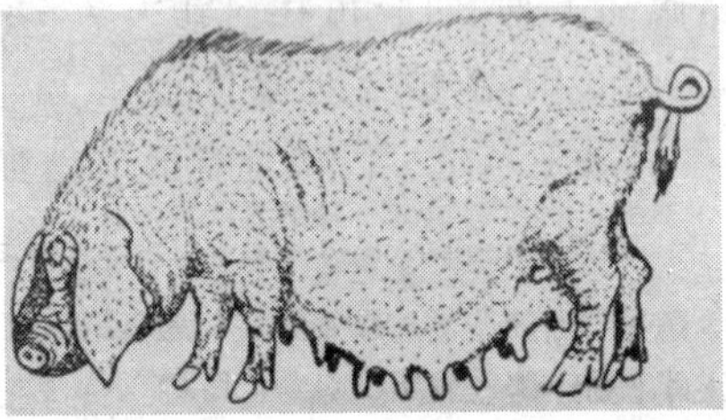

图 2-2　太湖猪(图片来源于参考文献 12)

识别要点:被毛全黑或青灰色,个别完全或不完全“六白”,头大额宽,额部有深褶,耳特大、下垂,腹大。

3. 内江猪

内江猪(图 2-3)主要产于四川省内江市。被毛为黑色,头大嘴短,两耳中等大小、下垂,额部有较多的皱纹,额部皮肤隆起成块。背宽微凹,腹大但不拖地,乳头 7 对左右,四肢

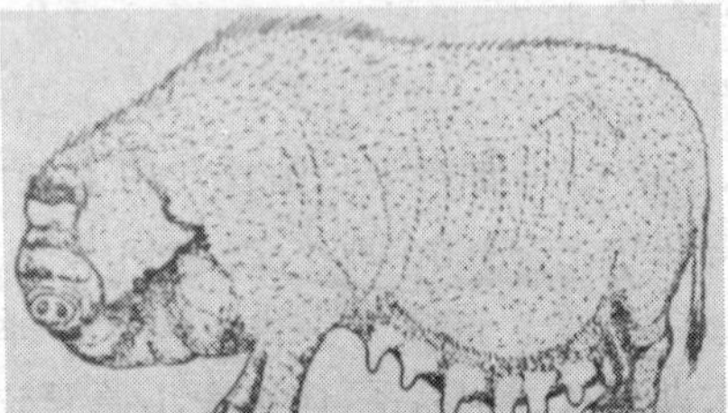

图 2-3　内江猪(图片来源于参考文献 12)

粗壮。内江猪具有耐粗饲，抗逆性强，杂交繁殖效果好的特点。成年公猪体重一般在 160～190 千克之间，成年母猪体重在 130～170 千克。

识别要点：被毛全黑，额宽、皮有隆起，脸部特短，耳中等大、下垂。

4. 巴马香猪

巴马香猪（图 2-4）原产于广西巴马瑶族自治县，是微型猪。被毛多具有“两头乌”的特点，少部分在体躯背部或侧面有黑色花片。额中等宽，嘴尖，两耳直立。背腰凹陷，腹大下垂，乳头 5～6 对。成年猪体重 40～45 千克。该猪对粗饲料耐受性较强（饲料中可以加入 20%苜蓿草粉）。对环境温度要求稍高，在低温高湿环境中容易发生气喘病，特别是群中体重小的更容易患病。巴马香猪性欲表现强烈，母猪外阴肿胀比成年长白猪、大白猪都严重，温顺、离群、呆立现象特别明显，食欲严重降低甚至废绝。小公猪之间互相爬跨现象严重（图 2-5）。母猪产仔 5～8 头。2016 年初，抚顺市农业

图 2-4 巴马香猪（左：母猪，右：公猪）（图片来源于抚顺市农业特产学校）

特产学校引进纯种巴马香猪 40 头，经过一段时间饲养观察，长势良好。母猪产仔多数在 6～9 头，个别母猪产仔 12 头（图 2-6）。

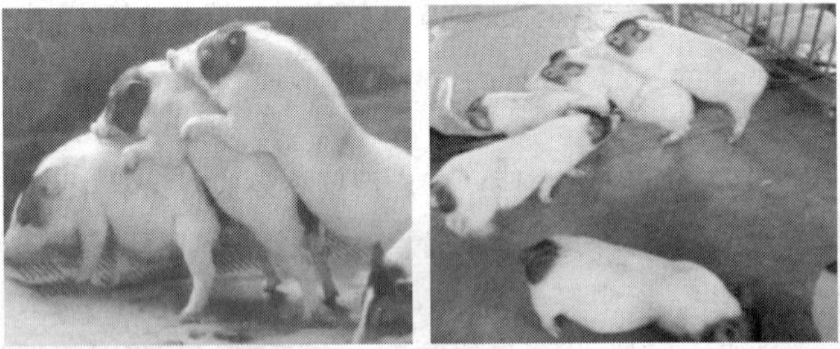

图 2-5　巴马香猪公猪性欲强烈
（左：公猪爬跨正在配种的公猪，右：公猪互相爬跨）

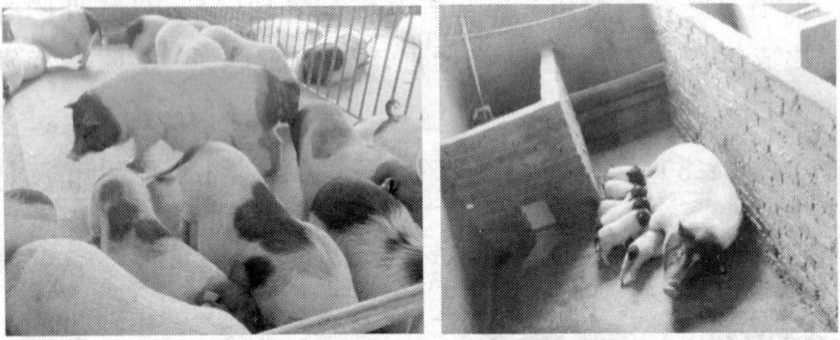

图 2-6　妊娠巴马香猪群和哺乳巴马香猪

识别要点：被毛“两头乌”，额中等宽，嘴尖，耳直立。背腰凹陷，腹部下垂。

第二节 国外引入猪种的识别

一、引入猪种的特点

1. 优点

生长快。引入猪种长白猪、大白猪、杜洛克猪育肥后期日增重可达到1 000克以上。

瘦肉率高。引入的长白猪、大白猪、杜洛克猪、汉普夏猪、皮特兰猪胴体瘦肉率达到58%以上,大部分超过62%,皮特兰猪瘦肉率高达80%。

饲料利用率高。目前一般猪场长白猪、大白猪、杜洛克猪等饲料利用率都可达到3.0∶1。辽宁省灯塔市刘振伟饲养杜长大三元杂交猪育肥阶段饲料利用率为2.3∶1。

2. 缺点

引入猪种适应性和抗病力不如我国地方猪种,对饲料条件要求较高,特别是蛋白质饲料比例低时瘦肉率会有不同程度下降。另外,应激反应较大,容易降低肉的品质。繁殖性能也比我国优良地方猪种差,发情不明显,产仔数少。

二、几个主要的引入猪种的识别

1. 长白猪(兰德瑞斯猪)

长白猪(图2-7)原名兰德瑞斯猪,原产于丹麦,是世界著名的瘦肉型猪,现有6个系(来源于6个国家:瑞典、英国、荷兰、法国、日本、丹麦），几乎世界各国都有饲养。该品种主要特点是：全身被毛呈白色，头狭长，颜面直长，额窄无纹，耳大前倾或稍下垂。背腰长、直、平、宽，肋骨比其他猪种多1～2对。腹线平直，体躯前窄后宽呈流线型，全身肌肉丰满，臀部丰圆。乳头7对左右。成年公猪平均体重242千克，体长173厘米；成年母猪平均体重218千克，体长162厘米。据抚顺连生牧业公司饲养经验，在优良的饲养条件下，在所有引入猪种中长白猪生长速度最快。

图2-7　长白猪

（图片来源：左：抚顺市农业特产学校，右：抚顺连生牧业有限公司）

识别要点：被毛全白，头狭长，颜面直长，两耳前倾，体躯流线型，外观给人以清秀之感，乳头7对左右。

2. 大约克夏猪（大白猪）

约克夏猪原产于英国，分布于多个国家和地区。有大、中、小三型，现在北方地区已经看不到中小型。大型约克夏猪（图2-8）又称为大白猪，在抚顺地区老百姓称之为约克猪

（音：yáoke）。

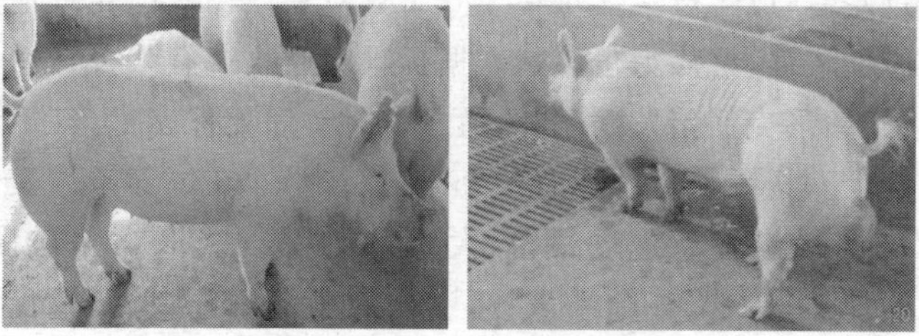

图 2-8　大白猪

（图片来源：左：抚顺市农业特产学校，右：抚顺连生牧业有限公司）

外形特点是：全身被毛为白色，头比长白猪稍宽，颜面微凹，两耳中等大小、直立，体躯长、平、宽，略呈流线型。四肢较高，全身肌肉丰满，后躯丰圆。乳头 7 对左右。成年公猪平均体重 350～380 千克，体长 169 厘米；成年母猪平均体重 224 千克，体长 168 厘米。从抚顺市农业特产学校母猪产仔记录来看，大约克夏猪产仔数多于长白猪。

识别要点：被毛全白，两耳直立，背线平直，臀腿丰满，乳头 7 对。

3. 杜洛克猪

杜洛克猪（图 2-9）原产于美国，分布于多个国家。杜洛克猪全身被毛呈深浅不一的棕红色，从枯草黄色到暗红色不等。头部较小，颜面微凹，耳中等大、半下垂，腰宽背弓，腹线平直，全身肌肉丰满，特别是臀部肌肉块凸出，四肢骨骼粗壮。乳头 6 对。体质强健，性情温顺，成年公猪体重在 355 千克左右，成年母猪体重在 300 千克左右。在我国北方地区适应性较强，抗病力也较强。据抚顺宏业牧业有限公司反馈结果，杜洛克仔猪发病率和死亡率都低，病死仔猪中，红毛猪特别少。抚顺连生牧业有限公司的结论是，在饲养条件较差时，杜洛克猪生长速度最快，大约克夏猪居中，长白猪最慢。就当地养猪户调查结果来看，引入的几个猪种中，杜洛克猪压秤（与同样大小的白猪相比，杜洛克猪体重较大）。该猪具有耐冷不耐热的特性，据大连地区猪场反馈结果，杜洛克猪对近海地带湿热气候不太适应。

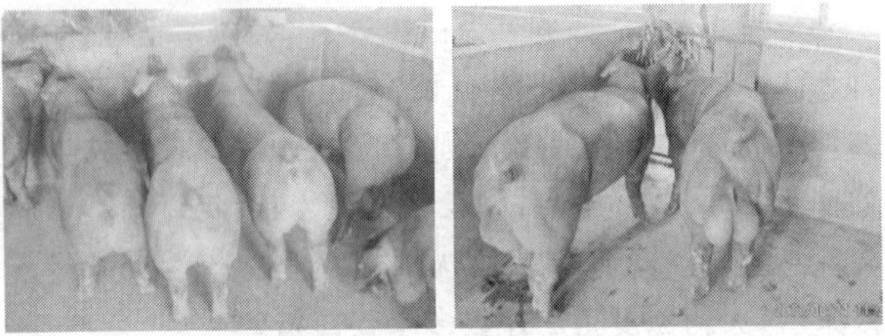

图 2-9　杜洛克猪（图片来源于抚顺连生牧业有限公司）

识别要点：被毛呈深浅不一的棕红色，两耳半下垂（其他猪都没有这些特点）。乳头 6 对，臀腿丰满。

4. 皮特兰猪

皮特兰猪（图 2-10）原产于比利时，其毛色特征为黑白花或蓝白花色，深色花片周围有晕圈。体宽而短，耳中等大小，向前上方伸出。四肢短细，全身肌肉特别发达，方臀。该猪瘦肉率极高，据抚顺连生牧业有限公司屠宰测定，皮特兰猪瘦肉率高达80%。但是在抚顺地区很少有人饲养皮特兰猪，可能是因为该猪产仔少、应激反应较大、育肥后期生长速度较慢、出栏时间延迟的缘故吧。

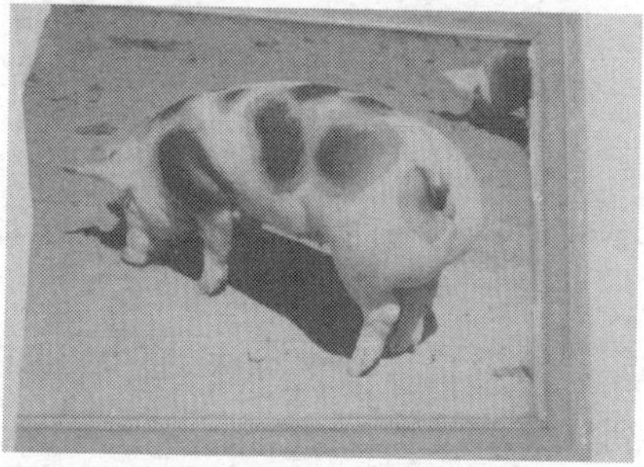

图 2-10 皮特兰猪

(图片来源于抚顺连生牧业有限公司)

识别要点：被毛呈深浅不一的蓝白花色，两耳向前上方伸出，臀腿丰满，方臀。

5. 汉普夏猪

汉普夏猪(图 2-11)原产于美国。被毛具有肩部和前肢为白色、其余部分均为黑色的独特的特征，故称为“白带猪”或“银带猪”。该猪嘴筒长直，耳中等大、直立。体躯较长，背腰宽平或微弓，肌肉发达，臀腿丰满，四肢稍短。乳头6对以上，排列整齐。该猪的突出优点是眼肌面积大。但在抚顺乃至辽宁地区几乎看不到汉普夏猪。

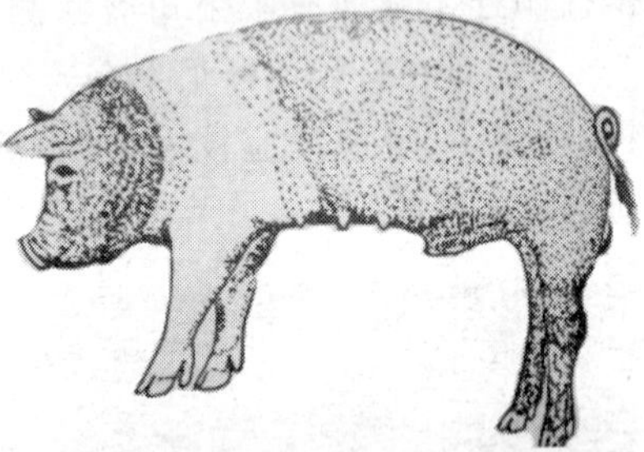

图 2-11　汉普夏猪(图片来源于参考文献 12)

识别要点："银带猪"，耳中等大、直立，肌肉发达，乳头6 对以上，排列整齐。

总之，每个猪种各具自己的品种特征。从外观来看，地方猪种具有皮厚毛长、原始粗糙、体躯扁平、臀腿倾斜的表现，多数地方猪种头短粗，两耳下垂；引入猪种皮薄、毛稀少，体躯长、平、宽、高，臀腿丰满，相对于我国地方猪种来说，头小肩轻，耳直立或前伸。从各自优点来看，地方猪种具有适应性强、耐粗饲、产仔多、母性好、肉质好等优点；引入猪种具有生长快、屠宰率高、瘦肉率高、饲料利用率高等优点。生产中，常以引入猪种做父本、地方猪种做母本进行杂交来提高经济效益。

第三章　利用猪的生物学特性和行为学特性指导生产

第一节　利用猪的生物学特性指导生产

一、猪的生物学特性

1. 猪的嗅觉灵敏，听力发达，视力差

猪的嗅觉特别灵敏，甚至超过老鼠和犬。猪可以嗅到地下的食物，对食物的味道有较强的辨析能力，喜欢吃甜味和香味的食物。每次转群，猪都是先嗅感周围环境(图 3-1)。

图 3-1　新转群的猪对新环境嗅感

猪的听力很发达，凭听觉可以辨别各种声响并做出相应的反应。容易建立条件反射。

猪的视力较差，甚至有人说猪高度近视。对稍远距离的物体根本看不清楚。

2. 猪胆小合群，生物学位次明显

猪胆小易惊，具有合群性，露天放养下多成群活动，休息也是相聚一起，显出较强的群居现象，趴卧时有时候是叠压的方式，个别猪趴到其他猪身上，居于底层的猪一般不会拒绝，大家彼此能和睦相处，其乐融融（图 3-2）。但是猪群中有着明显的地位关系。陌生猪相遇必要争斗撕咬，往往造成较大伤害。猪群中也存在大欺小，强欺弱的现象，这在香猪中表现尤为明显。猪群中弱小的猪往往受到“群起而攻之”的虐待，采食、饮水不敢上前，休息只能委屈到边缘位置。

图 3-2　猪的合群性

3. 猪的食性广，饲料转化效率高

猪的牙齿和胃注定了它是一种杂食动物，既能吃粮食，又能吃动物性饲料，对草类也有较强消化能力，对优质干草中有机物的消化率超过50%。但是日粮中的粗纤维含量最好不超过7%（我国地方猪种可以达到10%）。

4. 猪喜欢干净

猪平时喜欢在干燥干净的位置休息（图3-3），如果环境温度适宜，正常猪绝对不在低洼积水处趴卧，有时趴在脏水坑里滚浴，完全是为了降温。

图 3-3 猪喜欢在清洁干燥的高处休息

5. 对温度要求的两重性

仔猪皮薄毛稀，皮下脂肪少，没有经历冷热交替的训练，特别怕冷。大猪脂肪层厚，皮厚毛长，相对来说比较怕热。

二、利用猪的生物学特性指导生产

1. 利用猪的感觉特性指导生产

猪的嗅觉灵敏，喜欢吃甜味和香味饲料，因此在配制饲料时，可加入甜味剂和香味剂，诱导其增加采食量，以提高增重速度。此外，根据猪可以辨认气味的特性诱导其采食、睡觉、排便"三点定位"。针对猪听力发达的特点，训练猪对某种声音形成条件反射，方便饲养管理。利用猪视力差的特点，制作假墙，方便转群；制作假台猪，方便采精；利用公猪的声音对隐性发情的母猪进行试情。

2. 针对猪斗架现象做好看护

生产中常有重新组群现象，但是陌生猪相遇必定争斗，造成咬伤，必须严加看护。一般至少看护 3 天，除了猪睡觉时间外，都应该有人在场，避免或减少群内咬斗现象的发生，减少伤亡。某养猪户，将两头 100 千克的育肥猪并入 150 千克的猪群中，主人忽视了看护，结果被活活咬死。如果饲养员发现个别猪远离猪群而居，甚至趴卧在肮脏不洁处，外观看不出明显疾病状态，采食、饮水不敢靠前，那它一定是惧怕那些猪，说明管理失宜，时间长就必定影响其生长发育，必须妥善处理。一般每群小猪不超过 30 头、中猪不超过 20 头、大猪不超过10头为宜。生产中可以将特别胆小体弱的猪单独组群饲养。

3.根据猪的食性调配饲料

猪属于杂食性动物,食性广,饲料利用率高,对草粉也有一定的消化能力,所以,可以用多种叶类植物做饲料,也可以在日粮中加入一定比例的草粉,以降低饲料成本。但是要控制饲料总的粗纤维含量,最好控制在7%以内,否则影响对其他营养成分的利用。

4.根据猪喜爱清洁的特性提供清洁环境

猪喜欢清洁,在肮脏的环境里饲养的猪生长速度和健康都受到一定的影响,因此,我们应该保持饲养环境干燥清新。当环境温度不是很高却发现个别猪趴在尿水里时,要注意该猪是否处于发烧病态,提示技术人员应该及时治疗或隔离。此外,凡是被毛粗乱、肮脏不洁、眼红眵多、弓背卷腹的猪多是病猪。

5.根据猪对温度的需求提供适宜的环境温度

根据仔猪怕冷的特性,给新生仔猪设保温箱,箱内温度控制在35℃,每周可以降温2~3℃,防止环境温度过低造成低血糖、降低抵抗力。大猪相对怕热,给其提供20℃左右的温度比较适宜,温度过高时应加强通风。生长猪所需的环境温度可以通过公式求得。其最适宜的环境温度计算公式为:$T=26-0.06m$,临界温度计算公式为:$T=19.5-0.065m$。式中m为生长猪体重,单位为千克,T为温度,单位为℃。例如100千克时,最适温度为20℃,临界温度为13℃。猪舍温度低时可以用电热器临时取暖(图 3-4)。

图 3-4　舍内温度低时用电热器取暖

第二节　利用猪的行为学特性指导生产

一、猪的行为学特性

1. 猪有拱地行为

猪生来就具有拱土的特性(图 3-5),这是因为猪本身具有与其他动物不一样的解剖结构,拱土觅食是猪采食行为的一个突出特征。在拱土觅食时,能够找到食物,并能拱食到所需的矿物质。但拱地特性能造成建筑物破坏,生产中要严格管理。

图 3-5　猪拱地行为(左上:圈舍地面被拱出深坑,
右上:围栏拱坏,下:床面被拱坏)

2. 采食有选择性

猪的采食行为包括摄食与饮水,并具有各种年龄特征。从口味上看,在各种口味的饲料中,猪喜欢吃带有甜味或香味的饲料;从饲料形状上看,在颗粒料与粉料之间,猪喜欢吃颗粒料;在干粉料与湿料之间喜欢吃湿拌料。猪有竞相争食现象,群饲的猪比单饲的猪吃得多、吃得快,增重也高。但群不能过大,槽位也应该充足。

3.猪有较强模仿行为

猪群中一头猪做了什么,其他猪就开始效仿,纷纷跟着做。这种极强的效仿能力称为猪的模仿性。

4.性行为

母猪性成熟后,如果没有配种,每隔 21 天左右就会有外阴红肿、排黏液、主动求偶、接受爬跨等现象出现。

5.母性行为

母性行为是母猪对仔猪的有利的本能性保护反应,主要是母猪分娩前后的一系列行为,如哺乳及其他保护仔猪的行为等。母猪临近分娩时,农户散养母猪可以看到有叼草做窝现象,但集约化饲养环境中已经看不到这种现象。

6.探究行为

猪对小环境中的一切事物都很"好奇",对所有可能拱动的物体都想拱到一边去以寻求下面是否有可食物质。猪每到一新环境都是先进行拱和嗅,熟悉环境,寻找吃域、饮域、便域、睡域。这种探究行为在仔猪中表现尤为明显。

7.啃咬行为

猪有啃咬硬物(包括食槽、栏杆、床板等)的行为,对圈内的一块石头、一段铁丝也是纷纷啃咬,这可能是猪有一定的啮齿性,或者是环境应激或者是缺乏某些矿物质等营养物质。有时候水泥地面露出许多小石头,那是猪把水泥层啃掉了。有时候猪能把木质床板啃坏(图 3-6)。

图 3-6 床面、围栏被猪啃坏

8. 适应环境行为

猪有适应环境变化的能力,能利用自然条件或人为创造的条件保护自己。如夏季炎热,主动寻找阴凉处,或趴卧在水中降温。在冬季,则主动寻找温暖处,或趴在木板、隔垫上,或拥挤在一起互相取暖。民猪冬季有绒毛丛生也是适应北方冬季寒冷的表现。新生仔猪吃奶后进入保温箱中休息,也是适应环境的行为。

二、利用猪的行为学特性指导生产

1. 针对猪的拱地行为设计圈舍

在当今集约化饲养环境下,除了仔猪拱奶外,猪的拱地性已经失去了实际意义,只能带来负面效应,应该防止猪损坏圈舍设施,在圈舍建设过程中要保证各项设施的坚固性和耐用性。同时,要去除暗处尖锐物,防止猪拱食时对猪造成伤害。

2.根据猪的采食行为配制饲料

根据猪对饲料的采食特征,可将饲料制作成颗粒料,同时加入甜味剂或香味剂,以增加采食量。如果条件允许、人员充足,最好是饲喂湿拌料。猪有竞相争食现象,群饲的猪比单饲的猪吃得多、吃得快,增重也高,可以适当组群。一般小猪可以30头组成一群,大猪可以10头左右组成一群。如果群过大,不方便管理,咬伤现象增加,另外对单头猪不方便观察,环境卫生差,传染病发生概率也大。

3.根据猪的模仿行为对猪训练

(1)诱引仔猪开食　在仔猪达到开食日龄时,可利用仔猪的模仿性来诱导仔猪采食。利用以母带仔的办法诱导仔猪开食。

(2)诱引后备公猪爬跨　生产中可以将后备公猪赶到采精现场,观看种公猪采精,通过眼观和耳听交流,小公猪了解了整个过程,以后在训练这些小公猪爬跨假台猪进行采精时就相对容易了。

(3)诱导仔猪饮水　当仔猪分群到新圈舍时,那些仔猪会主动寻找采食、饮水、休息、排便地点。饲养员应该将饮水器触头按下,使之出水,以诱导仔猪饮水。仔猪靠灵敏的感觉就可以咬住饮水器饮到水。只要一头猪能找到饮水器,其他猪都会相继这样饮水。

4.根据猪的性行为表现确定性成熟与发情

后备母猪出现食欲下降,神态慌张,外阴红肿、排黏液,主动求偶，爬跨或接受爬跨等现象时，提示其达到了性成熟时期，生产上要公母分群，避免过早配种。如果是经产母猪处于发情状态，应该按计划做好配种工作。

5.根据猪的母性行为做好产前产后工作

母猪叼草做窝，预示临近预产期。母猪出现站立不安、频频排尿、摇尾、时起时卧、不断改变姿势、能排出乳汁等现象，提示相关人员抓紧时间赶快进入接产状态。当出现努责时，接产人员必须到位。

6.根据猪的探究行为因势利导

仔猪出生后 2 分钟左右即开始试探搜寻母猪的乳头，为了早吃初乳和减少仔猪体能消耗，应该引导仔猪哺乳。仔猪的探究行为的另一明显特点是，用鼻拱、口咬周围环境中所有新的东西，要防止破坏性。仔猪在寻找水源(水嘴)时，先是探究可能有水的地方，据此应该人为按压水嘴阀杆触头使其出水，一次诱导后，猪便知道哪里有水，就试探用拱和啃咬的方式饮水。

7.根据猪的啮齿性给予啃咬物

猪的啃咬行为会造成建筑设施破坏，必须有效地制止。吉林地区在猪舍内悬挂铁链让猪啃咬的方式值得推广，这样可以大大减少猪对建筑设施的破坏。

8.根据猪的行为表现提供适宜的环境温度

我们可以通过猪的行为表现来判断实感温度的高低(图 3-7)。如猪远离热源、呼吸加快、趴卧在阴凉潮湿处，说明环境温度过高，应该加强通风或淋浴达到降温；如果发现猪拥挤抱团、靠近热源、颤抖，说明环境温度过低，应该升温，加强保温。

图 3-7　猪在低温环境中身体蜷缩、四肢集于腹下

猪对其周围环境变化、饲养管理操作等都有特殊的行为表现，而且有一定的规律性。我们应根据猪的行为特性制定合理的建筑工艺，设计新型的猪舍和设备，实行科学的饲养管理，创造适于猪习性的环境条件，最大限度地满足猪的好奇心，科学地利用这些行为习性的有利方面为生产服务，同时避免其负面效应带来的影响。

第四章　猪场疫病防控

第一节　猪 场 消 毒

消毒是养猪生产过程中重要的组成部分，是猪场最常见的预防性工作，是养殖场构建防疫体系中必不可少的环节。

一、消毒及影响消毒效果的因素

消毒是指用物理的、化学的或生物学的方法杀灭或清除传染源、传播媒介以及环境中各种病原微生物。其目的是切断疫病的传播途径，控制和阻止传染性疾病的传播和蔓延，是贯彻“预防为主，防重于治”的综合性防疫的重要措施之一。

传染病的流行病学多样、复杂，不同病原微生物的传播途径不尽相同，为了切断传播途径，消毒工作的重心也相应不同。常见的传播途径主要有经消化道、呼吸道、皮肤黏膜接触以及吸血昆虫叮咬等，根据不同传播途径进行有针对性的消毒，在预防传染病上具有重要意义。对非传染性病原微生物引起感染的消毒，同样在畜牧生产和兽医诊疗各环节中起着重要作用。

卫生防疫管理制度示例见图 4-1。

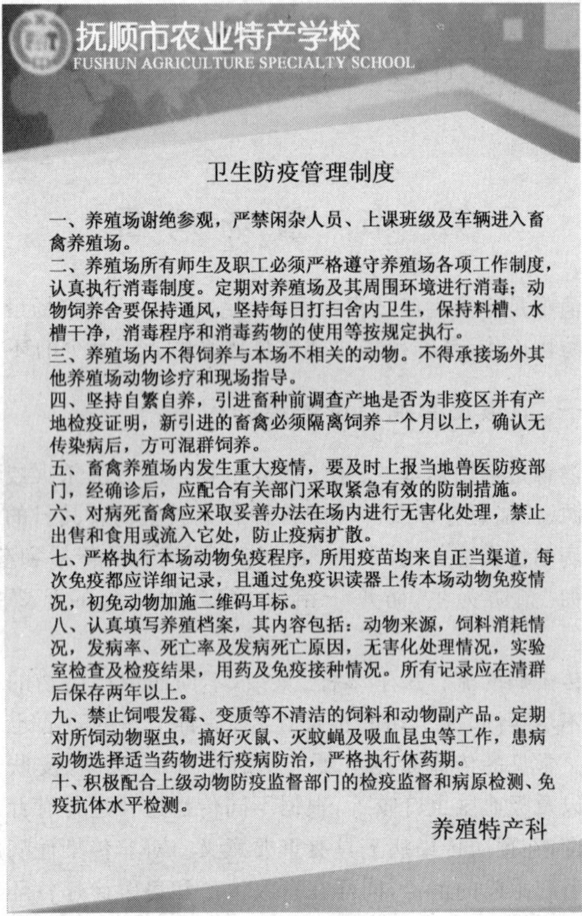
抚顺市农业特产学校
FUSHUN AGRICULTURE SPECIALTY SCHOOL

卫生防疫管理制度

一、养殖场谢绝参观，严禁闲杂人员、上课班级及车辆进入畜禽养殖场。
二、养殖场所有师生及职工必须严格遵守养殖场各项工作制度，认真执行消毒制度。定期对养殖场及其周围环境进行消毒；动物饲养舍要保持通风，坚持每日打扫舍内卫生，保持料槽、水槽干净，消毒程序和消毒药物的使用等按规定执行。
三、养殖场内不得饲养与本场不相关的动物。不得承接场外其他养殖场动物诊疗和现场指导。
四、坚持自繁自养，引进畜种前调查产地是否为非疫区并有产地检疫证明，新引进的畜禽必须隔离饲养一个月以上，确认无传染病后，方可混群饲养。
五、畜禽养殖场内发生重大疫情，要及时上报当地兽医防疫部门，经确诊后，应配合有关部门采取紧急有效的防制措施。
六、对病死畜禽应采取妥善办法在场内进行无害化处理，禁止出售和食用或流入它处，防止疫病扩散。
七、严格执行本场动物免疫程序，所用疫苗均来自正当渠道，每次免疫都应详细记录，且通过免疫识读器上传本场动物免疫情况，初免动物加施二维码耳标。
八、认真填写养殖档案，其内容包括：动物来源，饲料消耗情况，发病率、死亡率及发病死亡原因，无害化处理情况，实验室检查及检疫结果，用药及免疫接种情况。所有记录应在清群后保存两年以上。
九、禁止饲喂发霉、变质等不清洁的饲料和动物副产品。定期对所饲动物驱虫，搞好灭鼠、灭蚊蝇及吸血昆虫等工作，患病动物选择适当药物进行疫病防治，严格执行休药期。
十、积极配合上级动物防疫监督部门的检疫监督和病原检测、免疫抗体水平检测。

养殖特产科

图 4-1　卫生防疫管理制度

(一)猪场消毒的种类

根据消毒的目的,可以将消毒分为预防性消毒和疫源地消毒。疫源地消毒又分为临时消毒和终末消毒。

1. 预防性消毒

又称日常消毒,是指在未发现传染源的情况下,对可能被病原微生物污染的物品、场所进行的消毒措施。它是日常生产管理的重要环节,诸如定期对猪场内的圈舍、场地、道路、用具、饮水、猪群的消毒,人员、车辆出入猪场大门、生产区和圈舍的消毒。

2. 疫源地消毒

临时消毒和终末消毒合称疫源地消毒,是指现在或不久前曾发生过传染病,对可能被病原体污染的区域进行的消毒。疫源地消毒进行得越快、越全面彻底,防疫效果越好。

(1)临时消毒　也称随时消毒,是发生传染病时,猪场内存在传染源的情况下,为了及时杀灭并消除由病猪体内排出的病原微生物而进行的多次不定期的消毒工作。消毒对象主要是被污染的场所和物体,包括病猪所在的圈舍、隔离圈舍和病猪的分泌物、排泄物以及所有可能被污染的一切场所、用具和物品等。其特点是需要多次反复地进行。

(2)终末消毒　是指采用多种消毒方法,在病猪解除隔离、转移、痊愈或死亡后,或是在疫区解除封锁前,为了彻底消灭疫区可能残留的病原微生物所进行的全方位清理、消毒。

(二)影响消毒效果的因素

消毒时除注意消毒方法本身的性质和特点,还要注意使用方法和外界因素对消毒效果的影响。不论使用哪种消毒方法,其消毒效果都会受多方面因素的影响,掌握这些因素并加以利用,能提高消毒效果,反之则会影响消毒效果或导致消毒的失败。主要影响因素有以下几个方面。

1.消毒的强度和时间

这是杀灭微生物的基本条件。消毒强度在热力消毒时是指温度高低,在化学消毒时是指药物浓度,在紫外线消毒时是指紫外线照射强度。一般来说,提高消毒强度能相应加快消毒(杀菌)的速度,减少消毒作用时间,但是可能会导致消毒效果降低。当然,如果消毒强度降低至一定程度,即使再延长时间也达不到消毒目的。

2.微生物污染的种类和数量

微生物的种类不同,对其消毒的效果自然不同,另外微生物数量的多少也会影响消毒效果,所以在消毒前要考虑到微生物污染的种类和数量。一般来说,微生物的抵抗力越强、污染越严重,消毒就越困难。

3.温度

除热力消毒完全依靠温度作用来杀灭微生物外,其他各种消毒方法也受温度变化的影响。一般来说,无论在物理消毒还是化学消毒中,温度越高效果越好。

4.相对湿度

消毒环境相对湿度对气体消毒和熏蒸消毒的影响十分明

显，湿度过高或过低都会影响消毒效果，甚至导致消毒失败。

5. 酸碱度(pH)

酸碱度的变化可直接影响某些消毒的效果。一方面是pH对消毒剂本身的影响会降低或提高消毒剂的活性；另一方面是pH对微生物的影响。如戊二醛在pH由3升至8时，杀菌作用逐步增强；而次氯酸盐溶液，pH由3升至8时，杀菌作用却逐渐下降；洗必泰、季铵盐类化合物在碱性环境中杀菌作用较大。

6. 有机物质

消毒环境中的有机物质往往能抑制或减弱消毒因子的杀微生物能力，特别是化学消毒剂的杀微生物能力。这是因为一方面有机物包围在微生物周围，对微生物起到保护作用，阻碍消毒因子的穿透；另一方面，有机物本身也能通过化学反应消耗一部分化学消毒剂。各种消毒剂受有机物的影响不尽相同，如在有机物存在时，含氯消毒剂的杀微生物作用显著下降；季铵盐类、双胍类和过氧化合物类的消毒作用受有机物的影响也很明显；但环氧乙烷、戊二醛等消毒剂受有机物的影响比较小。因此，对猪舍中的有机物，包括粪便、分泌物、排泄物、饲料残渣等，必须清扫、冲洗干净。如果有机物存在，消毒剂量则应加大。

二、多环节消毒

(一)入场人员的消毒

养殖场应在场区大门处设立消毒室，对入场人员的外衣、鞋、手进行消毒。衣物消毒可用消毒剂气化喷雾，人员全身黏附一层薄薄的消毒剂气溶胶，能有效地杀灭外来人员携带的各种病原微生物。可用碘酸 1∶500、全安 1∶1 500 或绿养宁 1∶2 000，1 个月轮换一次。在专用消毒通道修浅池，池中垫入有弹性的塑料地毯，并加入消毒威 1∶500 稀释液或菌毒灭 1∶300 稀释液，每天适量添加，每周更换一次，用于鞋的消毒。人员进入时，踩消毒药剂浸泡的地毯，杀灭鞋底携带的病原微生物。手的消毒用碘酸混合溶液 1∶200 稀释液或 0.1%浓度的新洁尔灭溶液擦拭或浸泡 2～3 分钟，再用水清洗。

工作人员进入生产区的消毒，有条件的养殖场应在生产区建立消毒更衣室，在更衣室内洗澡，更换消毒好的工作服、靴子、帽子或一次性工作服，经消毒通道进入生产区（图 4-2）。更衣室保持干净、整洁，工作服、工作靴和更衣室定期洗刷消毒，用福尔马林熏蒸消毒 20 分钟或用紫外线灯照射消毒。

图 4-2　入场更换工作靴及经过消毒通道

应特别注意，养殖场一般谢绝参观，严格控制外来人员，必须进入生产区时，要洗澡，换场区工作服和工作鞋，并遵守场内防疫制度，按指定路线行走。

(二)场区环境消毒

场区大门消毒是防止外来病原侵入的第一个环节。在大门口修建车辆通过消毒池，长度以车轮滚动两周以上为宜，可用2%氢氧化钠溶液、5%来苏儿溶液或其他消毒液消毒。定期更换水和消毒液，一般每周更换1～2次。有条件的可以在消毒池上方架设喷雾消毒装置，对车体进行消毒。所有进入养殖场非生产区或生产区的车辆须严格消毒，驾驶员经消毒通道后继续驾驶。

1.机械清除法

使用机械的方法除去环境中的病原体——对圈舍的清扫、冲洗、刷洗，对饲槽和饮水器的洗涤，对畜体被毛的刷拭，对猪舍进行通风和空气过滤，清除环境及畜体上的病原微生物。它是养猪生产中最普通、最常用的一种消毒方法。机械清除法只能减少病原体，不能杀灭和彻底清除病原微生物，所以，需要配合其他消毒法。机械清除一般在其他消毒法前进行，清除粪便、饲料残渣或其他污垢，消除这些有机物对病原体的保护作用，增强其他消毒方法的消毒效果。机械清除法可以将环境中病原微生物减少85%以上，并且加强化学消毒效果。在清除之前，应先用清水或某些化学消毒剂喷洒，以免打扫时尘土飞扬，造成病原体散播，影响人畜健康。清扫的污物，根据病原微生物的性质，进行发酵、掩埋、焚烧或其他药物处理。

2.物理消毒法

利用阳光、热、干燥、紫外线的作用杀灭或消除病原微生物及其他有害微生物,使病原微生物蛋白发生光解、变性,导致病原体死亡。

3.化学消毒法

利用化学药物渗透到病原体内,使病原体蛋白凝固变性,失去活性,是养殖场最常用的消毒防疫手段。消毒药的选择应考虑病原体对不同消毒剂的抵抗力,消毒剂的有效浓度、作用时间、杀菌谱,消毒时的温度等因素。理想的消毒药应该具备抗菌谱广、杀灭力强、对人畜毒性小、维持消毒效果时间长、使用方便、对环境污染小等特点。

(1)利用碱类消毒药消毒　每隔 2～3 周在圈舍周围撒生石灰或用2%氢氧化钠溶液喷洒消毒。机理是使蛋白质变性、沉淀或溶解;特点是能杀死细菌繁殖体,但不能杀死细菌芽孢、病毒和一些难杀死的微生物。碱类消毒药主要包括氢氧化钠、石灰乳等,一般具有较强消毒效果,但有一定的刺激性及腐蚀性,消毒时应将猪转移,消毒后隔半天用清水冲洗干净方可让猪回圈。价格较低,常用于圈舍、地面、用具等。

(2)利用卤素类消毒药消毒　机理是氧化菌体中的活性基团,与氨基结合使蛋白质变性。所有卤素均具有显著的杀菌性能,氟化钠对真菌及芽孢有强大的杀菌力,1%～2%的碘酊常用于皮肤消毒,碘甘油常用于黏膜的消毒。细菌芽孢比繁殖体对碘要敏感 2～8 倍。卤素类消毒药易受温度、光照、蒸发等条件影响而失效，而且其消毒力受污物的影响大，需要在强酸下才有效，碱性条件下效果降低。卤素类消毒药包括漂白粉、碘酊、氯胺等，为中效消毒剂，一般用于圈舍、地面、水沟、粪便、污水的消毒。

4. 生物学消毒法

利用生物发酵产热可杀灭生产中产生的粪便、污水、饲料残渣和其他废弃物中的病原微生物，而达到消毒的目的。传染病和寄生虫病病畜粪便的消毒方法有多种，如焚烧法、化学消毒法、掩埋法和生物热消毒法等。焚烧法是利用燃料将粪便燃烧，但是污染较大而且资源浪费较高，一般很少采用。化学消毒法是用化学消毒剂如漂白粉、石灰乳等与粪便混合均匀消毒，有机物对粪便中的病原微生物有保护和降低药效的作用，操作繁复且不彻底。掩埋法是将粪便与漂白粉或生石灰混合后，深埋于地下 2 米，有污染地下水的危险。实践中最常用的是生物热消毒法，主要用于污染粪便的无害化处理。此法利用粪便中的微生物发酵产生 70℃以上的热量能使非芽孢病原微生物死亡，且不丧失粪便作为肥料的应用价值。

(三)猪舍消毒

每批猪只调出后要彻底清扫干净，用高压水枪冲洗，然后进行喷雾消毒或熏蒸消毒。用化学消毒液消毒时，消毒液的用量一般是猪舍内每平方米面积用 1～1.5 升药液。消毒时，先喷洒地面，然后墙壁，先由离门远处开始，喷完墙壁后再喷天花板。消毒完成后再开门窗通风，用清水刷洗饲槽，将消毒药味除去。在进行猪舍消毒时，也应将附近场地以及病畜污染的地方和物品同时进行消毒。

1. 猪舍的预防消毒

在一般情况下，猪舍应每年进行两次（春秋各一次）预防消毒。在进行猪舍预防消毒的同时，凡是猪停留过的处所都需进行消毒。在采取“全进全出”管理方法的规模化养猪场，应在每次全出后进行消毒。产房的消毒在产仔结束后再进行一次。

(1)空圈舍消毒

第一步：清扫。清空所有猪只，拆移围栏、料槽、垫板等设备，移走畜舍内所有物品，清除排泄物、垫料和剩余饲料，确保清扫干净。

第二步：清洗。用低压喷雾器对高床、垫板、网架、栏杆、地面、墙壁和其他设备充分喷雾湿润。30～60 分钟后用高压水枪冲净粪便，有效除去黏附在栏杆、垫板、地面等上的病原体（寄生虫卵等）。

第三步：栏舍干燥。干燥是很好的消毒方法，同时可保证消毒效果，各种设备消毒干燥后放回原处安装。

第四步：栏舍、空气消毒。栏舍用 2%～4%的氢氧化钠溶液喷雾消毒，要淋湿所有物体表面。空气可用气体熏蒸消毒，所用药品是福尔马林和高锰酸钾，按照圈舍面积计算所需的药品量。一般每立方米空间，用福尔马林 25 毫升，水 12.5 毫升，高锰酸钾 25 克（或以生石灰代替）。计算好用量以后将水与福尔马林混合。猪舍的室温不应低于正常的室温(8～15℃),将猪舍门窗紧闭。一般分几个点放置消毒器具,先放置离门远的,最后放置离门近的。将高锰酸钾倒入,用木棒搅拌,经几秒钟即见有浅蓝色刺激眼鼻的气体蒸发出来(图 4-3),此时应迅速离开猪舍,将门关闭。经过12～24小时后方可将门窗打开通风。

图 4-3　猪舍熏蒸消毒

第五步:饮水系统清洁、消毒。将供水系统中剩余水排空,尽可能清除水箱、水管内的污物及藻类,用消毒威 1∶800进行浸泡清洗消毒,浸泡 1～3 小时,排空冲洗即可,随后重新补充新水。

(2)带猪消毒

①一般性带猪消毒　常用的药物有 0.2%～0.3%的过氧乙酸,每立方米空间用药 20～40 毫升,也可用 0.2%的次

氯酸钠溶液或0.1%的新洁尔灭溶液。0.5%以下的过氧乙酸对人畜无害,为了减少对工作人员的刺激,在消毒时可佩戴口罩。

本消毒方法全年均可使用,一般情况下每周消毒1～2次,春秋疫情常发季节,每周消毒3次,在有疫情发生时,每天消毒1～2次。带猪消毒时可以3～5种消毒药交替使用。

②猪体保健消毒　妊娠母猪在分娩前5～7天,最好用热毛巾对全身皮肤进行清洁,然后用0.1%的高锰酸钾水擦洗全身,在临产前2～3天再消毒1次,重点擦洗会阴部和乳头,保证仔猪在出生后和哺乳期间免受病原微生物的感染。

哺乳期母猪的乳房要定期清洗和消毒,一般每隔5～7天消毒1次,严重发病的可按照污染猪场的状况进行消毒处理。

2.猪舍的临时消毒和终末消毒

发生各种传染病而进行临时消毒及终末消毒时,用于消毒的消毒剂因疫病的种类不同而异。一般肠道菌、病毒性疾病,可选用5%的漂白粉或2%～4%的氢氧化钠热溶液。但如发生细菌芽孢引起的传染病(如炭疽、气肿疽等)时,则需使用10%～20%的漂白粉乳、2%～4%的氢氧化钠热溶液或其他强力消毒剂。消毒畜禽的同时,在病畜禽舍、隔离舍的出入口处应放置浸泡消毒液的麻袋片或草垫。

(四)用具及垫料消毒

定期对保温箱、补料槽、饲料车、料箱、针管等进行消毒。

一般先将用具冲洗干净后，可用0.1%的新洁尔灭或0.2%～0.5%的过氧乙酸消毒，然后在密闭的室内进行熏蒸。

对于养殖场的垫料，可以通过阳光照射的方法进行消毒。这是一种最经济、最简单的方法。将垫草等放在烈日下，曝晒2～3小时，能杀灭多种病原微生物。对于少量的垫草，可以直接用紫外线等照射1～2小时，可以杀灭大部分微生物。

利用火焰焚烧和烘烤杀灭病原微生物。此方法简单、迅速、消毒彻底，但对物品的破坏性大，故只限于处理传染病动物尸体、污染的垫料、垃圾等，并要注意安全，须远离易燃易爆物品。

（五）兽医诊疗中的消毒

1.诊疗器械及用品消毒

将注射器用清水冲洗干净。玻璃注射器，将针管与针芯分开，用纱布包好；金属注射器，拧松调节螺丝，抽出活塞，取出玻璃管，用纱布包好。针头用清水冲洗干净，成排插在多层纱布的夹层中。镊子、剪刀等洗净，用纱布包好。将清洗干净并包好的器械放入煮沸消毒器内，将水煮沸至100℃，保持5～15分钟，可杀灭一般细菌的繁殖体，在水中加入1%～2%的碳酸氢钠时，沸点可达105℃，既可促进芽孢的杀灭，又能防止金属器皿生锈。

2.人员消毒

兽医在对猪进行诊疗前应换好防护服，戴帽子、口罩、手套，穿胶靴。如需徒手操作，双手利用表面活性剂消毒，手臂在0.1%的新洁尔灭溶液或1%～2%的来苏儿溶液中浸泡5分钟，晾干。

3.注射部位及手术部位消毒

应对注射部位和手术部位进行严格消毒，常用消毒药有75%的酒精、5%的碘酊、0.1%的新洁尔灭、0.5%的洗必泰等。注射部位消毒，先用75%的酒精脱脂，然后用5%的碘酊涂擦，再用75%的酒精脱碘，即可注射。涂擦时，应由内向外。手术部位消毒，确定术部后从术部中心向四周涂擦消毒，先用75%的酒精脱脂，然后用5%的碘酊涂擦，再用75%的酒精脱碘，再重复涂碘酊、脱碘一次，随后手术。

4.创伤局部消毒

多利用氧化剂类消毒药消毒。杀菌机理是释放出新生态原子氧，氧化菌体中的活性基团，杀菌特点是作用快而强，能杀死所有微生物，但受温度、光线的影响，蒸发失效，消毒力受污物影响最大。氧化剂类消毒药包括双氧水、高锰酸钾等。

5.诊疗室消毒

主要用人工紫外线消毒。利用紫外线灯发出的紫外线杀灭空气、物品表面的病原微生物，照射时间一般为20～30分钟，距地面高度不超过2米。紫外线穿透性差，光照强度随距离加长而降低，一定要注意光源的高度、强度。

消毒是养猪场切断传染病传播、防止传染病发生和蔓延的重要手段。养猪场要重视消毒，也要科学消毒。随着规模化猪场的发展，人们已经逐步懂得了消毒的重要性。消毒必须与时俱进,采用高效、低毒、无残留、无污染、低腐蚀性的新型消毒剂。科学合理地选择消毒方法与消毒剂必将会促进养猪业生物安全体系的建设。

第二节 免疫预防

猪场的免疫接种是给猪接种疫苗,使其产生特异性抵抗力,由易感动物转化为非易感动物的一种手段。通过预防接种和紧急接种,有计划、有组织地进行免疫接种,提高机体抗御能力,可达到预防和控制猪传染病的目的。

免疫接种是用人工方法将免疫原(疫苗、菌苗、类毒素或免疫血清)接种到猪体内,激发其产生特异性抵抗力的方法。免疫接种可以降低猪的易感性,是预防和控制猪传染性疾病发生的重要措施之一。

一、疫(菌)苗

疫(菌)苗是利用病毒(病原性细菌)经过人工处理除去或减弱其致病作用而制成的生物制品。根据制成后的存在形式可分为弱毒疫(菌)苗和灭活疫(菌)苗。弱毒疫(菌)苗是经过人工培育或从自然流行的病原中分离得到的无毒或毒力减弱的活苗,其优点是用量小,产生免疫力快,免疫期长;缺点是不易保存,有效期短,接种易感动物后有可能毒力增强引起发病。灭活疫(菌)苗是用物理方法或化学药品将病原杀死制成的死苗,其优点是易保存,保存时间长,安全;

缺点是用量大，产生免疫力需要时间长，免疫期短。

1. 疫（菌）苗的保存

疫（菌）苗采购到养殖场后，立即依照清单入库保存，登记制剂名称、批号、瓶数、装瓶规格、生产日期、购入日期、有效期。疫（菌）苗应保存在干燥阴暗处，避免阳光和人工紫外线照射。温度条件对生物制品的影响非常大，温度的急剧变化极易损害疫（菌）苗的效能。不同制剂和同一制剂的不同批号应分别存放，灭活苗、水剂苗存放于2～8℃的冷藏箱内，冻干苗置于冰箱的冷冻室中。贮存过程中，经常检查冰箱的冷冻效果，如发现灭活疫苗有冻结、破乳，冻干苗有溶化现象报主治兽医，请示领导，予以废弃。

2. 疫（菌）苗的运输

生物制品的运输应严格按照规定，实行冷链运输。一般灭活疫（菌）苗应保存在2～8℃，弱毒冻干活疫（菌）苗应保存在−15℃。保温箱内夏季加入冰块保冷，冬季注意防冻，防止灭活苗冻结，并以最快的速度运送到各猪场，以确保疫（菌）苗的有效效价。

二、免疫接种的分类

在传染病的防治措施中，根据免疫接种时机不同，可分为预防接种和紧急接种。

（一）预防接种

1. 免疫程序

各猪场应按猪群的实际健康水平和周边地区的疫病流

行情况制定科学严密的免疫程序。免疫程序是合理地制定的预防接种的次数和间隔时间,包括预防疾病的种类、疫苗的选择、免疫次数、免疫时间、免疫方法、联合用苗等。

2. 接种猪群

注射前对计划接种猪群进行统计、记录,凡患病猪要暂缓接种,并做好记录,体质好转后再补注。

3. 免疫器械

包括注射器、针头、针盒、带橡皮翻口瓶塞的医用玻璃瓶、镊子等,所有器械在接种前要清洗干净,置消毒锅内加水煮沸消毒30分钟,冷却、装好备用。

4. 疫(菌)苗的准备

(1)检查 依统计的猪只数量和免疫程序规定注射剂量计算领取疫苗,考虑到注射中的损耗,疫苗的领取总量可超过计算量的5%。疫苗要逐瓶检查,如瓶签与应注射疫苗是否相符,疫苗瓶有无破损、失真空,液体苗有无结块、冻结、异物、变色,油乳苗有无破乳,冻干苗有无解冻,是否超过使用有效期等,凡有上述现象之一,则该瓶疫苗不能使用。

(2)稀释 水剂苗或油乳剂苗使用前不必稀释,但必须摇匀。冻干苗(除规定使用专用稀释剂的)一般用生理盐水按猪只头数和注射剂量计算稀释量。同时稀释两种以上的疫苗,应使用不同的注射器和器皿,不能混用混装。

(3)稀释后的保存 疫苗的使用坚持现配现用的原则,疫苗在稀释后应马上使用,并避免阳光照射,15℃以下应在

4～6 小时内用完，15～25℃ 2 小时内用完，25℃以上 1 小时内用完。如考虑注射时间偏长，应将疫苗放在加冰块的保温箱内。

5. 疫苗的注射

疫苗在使用前必须摇匀。注射时要带好记号笔，一边注射，一边做好记号，以免漏注或重复注射。根据猪只大小和接种部位（皮下、浅层肌肉、深部肌肉）的要求，选择长短、大小适宜的针头。为了减少交叉感染，应该每头猪一个针头。保证注射剂量的准确和猪群的注射密度，做到不漏打，不打飞针。注射过程中发现疫苗漏出时，应进行补注。

6. 记录

疫苗注射后，防疫员对注射日期、疫苗批号和名称、免疫猪群、注射剂量等免疫情况进行详细记录，并填好免疫周报表。

7. 抗体监测

免疫注射后，每两个月对猪群进行一次抗体水平监测。既可了解接种的效果，又可开展血清流行病学的调查，以便及时调整场内的免疫程序，使之更科学严密。

（二）紧急接种

紧急接种是指为了迅速扑灭疾病的流行而对尚未发病的猪群进行的临时性免疫接种。紧急接种使用免疫血清较为安全，且立即生效，但血清价格高，用量大，免疫保护期短，在养猪生产中很少使用，多数还是采用疫（菌）苗。紧急接种一般用于发生传染病的疫区及其周围受疫病威胁的地区。

在疫区应用疫苗做紧急接种时，必须对所有受到传染威胁的猪逐头进行详细观察和检查，仅对正常无病的猪以疫苗进行紧急接种。对病猪及可能已受感染的潜伏期病猪，不能再接种疫苗。由于在外表正常无病的猪中可能混有一部分潜伏期患畜，这一部分患畜在接种疫苗后不能获得保护，反而促使它更快发病，因而在紧急接种后一段时间内，畜群中发病数反而有可能增多，由于这些急性传染病的潜伏期短，而疫苗接种后能很快产生抵抗力，因此发病不久即可下降，最终能使流行很快停息。

在疫区及周围的受威胁区进行紧急接种，其目的是建立“免疫带”以包围疫区，就地扑灭疫情。免疫带大小视疫区及受威胁区传染病的性质而定。某些流行性强大的传染病如口蹄疫等，其免疫带在周围 5～10 千米。建立免疫带措施必须与疫区的封锁、隔离、消毒等综合性措施相配合才能取得较好的效果。

三、免疫接种的常用方法

1. 皮下注射

皮下注射是目前使用最多的一种方法，大多数疫苗都是经这一途径免疫。皮下注射是将疫苗注入皮下组织，经毛细血管吸收进入血流，通过血液循环到达淋巴组织，从而产生免疫反应。注射部位多在耳根皮下，也可在颈部两侧或股内侧皮肤较松弛的部位。皮下组织吸收比较缓慢而均匀。油类疫苗不宜皮下注射。

2. 肌肉注射

肌肉注射是将疫苗注射于肌肉内，注射时注意针头要足够长，以保证疫苗确实注入肌肉里。注射部位多在臀部、股部或颈部肌肉较丰满的部位。

3. 滴鼻免疫

滴鼻免疫属于黏膜免疫的一种（图 4-4）。黏膜是病原体侵入的最大门户，有 95%的感染发生在黏膜或由黏膜侵入机体，黏膜免疫接种既可刺激产生局部免疫，又可建立针对相应抗原的共同黏膜免疫系统；黏膜免疫系统能对黏膜表面吸入或食入的大量种类繁杂的抗原进行准确的识别并做出反应，对有害抗原或病原体产生高效体液免疫反应和细胞免疫反应。目前使用比较广泛的是猪伪狂犬病基因缺失疫苗的滴鼻接种。

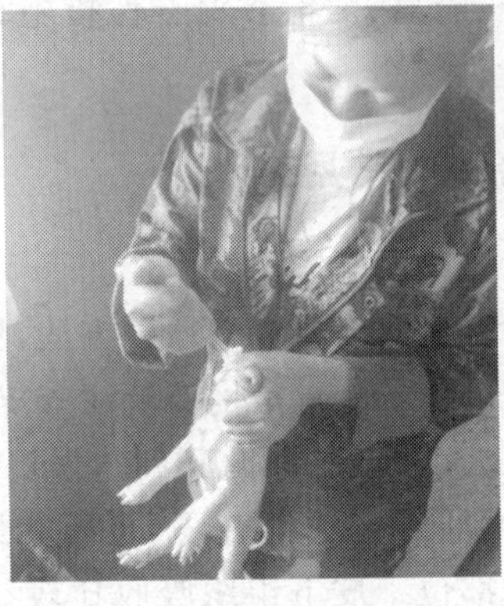

图 4-4　仔猪伪狂犬疫苗滴鼻免疫

4. 口服接种

由于消化道温度和酸碱度都对疫苗效果有很大的影响，因此这种方法目前很少使用。

5. 喷雾

即是用动力压缩机增大盛装菌苗容器的压力，然后开动微孔喷头，药液呈雾状喷出，猪通过呼吸吸入菌苗而达到免疫，此法主要用于大群猪免疫。

四、免疫操作及注意事项

（一）注射接种操作步骤

1. 抓猪与保定

助手抓猪，并牢牢保定，防止挣脱，将注射部位朝向注射人员，要避免人、猪受伤。

2. 注射部位消毒

用70%～75%的酒精消毒，待挥发后再注射，注射完毕应按少许时间减少疫苗溢出。大批注射时，应选择专职消毒员，用0.5%的碘酊先涂擦临时固定的右或左侧耳根后部皮肤，然后用70%的酒精脱碘，待3～5分钟后注射疫苗，注射时剂量一定要确实。

3. 注射

进针深度是决定接种成败的因素之一。针头粗细长短要适宜，大小猪应选择各自适宜针头，以防疫苗有效剂量的减少及疫苗的漏出。进针过深易刺到骨骼，造成机体损伤，过浅易注到脂肪内形成脓肿，起不到免疫作用。进针深度的适宜程度,应根据猪只大小、肥瘦程度灵活掌握。

(1)肌肉注射　成年母猪、后备母猪和公猪的肌肉注射最好采用16号针头,30千克以下的猪宜用9号针头,30～60千克的猪宜用12号针头。肌肉注射部位在耳后靠近较松皮肤皱褶和较紧皮肤交界处耳根基部最高点5～7厘米处。正确的方法是垂直刺入皮肤。

(2)皮下注射　用短的12号针头,长度通常在1～3厘米之间。注射部位位于耳后凹陷松软处。方法是用拇指和食指将皮肤捏成皱褶,将针头刺入两指间皮肤皱褶的皮下。

必须实施"一猪一针头"的模式,减少交叉感染。由于目前猪蓝耳病、伪狂犬病等阳性率比较高或猪瘟隐性带毒猪的存在,每头猪一个针头虽然麻烦,但非常有必要。

注射的剂量要准确,不漏注、不白注。注射操作细致,进针要稳,拔针要快,以确保疫苗液真正足量地注射于肌肉内或皮下。

(二)猪免疫注射的注意事项

(1)猪群在良好状态下免疫才能成功。对有临床病症的猪,无论症状严重与否都应推迟免疫时间,待恢复健康后再进行补免,避免免疫抑制。

(2)气候突变前后,特别是入冬前,应做好危害性严重传染病(如猪瘟和口蹄疫等)的免疫接种。

(3)在断奶、转群等应激条件下7天内,阉割前后7天,引种到场7天内禁止注射任何疫苗。

(4)注射疫苗后4～7天内,禁止免疫注射其他疫苗。注射猪瘟疫苗后7天内、注射口蹄疫苗后15天内,禁止注射其他任何疫苗(含口服疫苗)。

(5)防止药物对疫苗接种的干扰:在使用弱毒疫(菌)苗前后5～7天内,禁止在饮水或饲料中使用抗病毒(细菌)药物或消毒药物。抗生素对细菌性灭活疫苗有影响。免疫注射含有活菌的疫苗时,如仔猪副伤寒活苗、猪肺疫弱毒菌苗和链球菌活疫苗等,免疫前后1周都不能在饲料、饮水中添加抗生素,也不能肌肉注射抗生素。

(6)剂量要准确,禁忌注射剂量过多或过少,疫(菌)苗的使用剂量应严格按产品说明书进行。大群接种时,为弥补使用过程中疫(菌)苗的浪费,可适当增加10%的用量。

(7)禁止随便改变疫(菌)苗标定的接种途径,也不要随便将不同疫(菌)苗混合在一起接种。如必须要使用,应先进行小群试验,证明安全有效后再大量使用,以免造成不可弥补的损失。

(8)注射局部一般用70%～75%酒精消毒即可,如果必须用5%碘酊局部消毒,之后要用70%酒精脱碘。免疫时,每注射一头猪要换一枚针头,以防带毒和带菌。

(三)观察免疫接种后的反应

疫苗对动物机体来说是一种异物,在接种疫苗后,机体在产生免疫应答的同时往往会出现反应,这是比较正常的,根据反应的性质和强度不同,我们将它分为三种:正常反应、严重反应(不良反应)和合并症。

1. 正常反应

是指由于疫(菌)苗本身的特性而引起的反应,由于疫(菌)苗性质和强度不同,引起的反应不一。大多数疫(菌)苗接种后动物不会产生明显的不良反应,少数疫(菌)苗接种后,出现“一过性”的精神沉郁、食欲下降、微热表现。如果这种反应的动物数量少,反应程度轻,维持时间短暂,属正常反应,不影响正常生长过程。

2. 严重反应

是指与正常反应在性质上区别不大,但反应程度较重,或出现反应的动物数量较多的现象。出现严重反应的原因通常是由于疫(菌)苗质量低劣或毒株的毒力偏强,剂量过大,操作不正确,接种途径错误,或使用对象不正确等因素引起。严重反应的表现为:病猪鼻镜干燥、呼吸急促、食欲废绝、卧地不起,应及时采取急救措施。

3. 合并症

这与正常反应的性质完全不同,对注射的疫苗出现过敏引发血清病、过敏性休克、变态反应等,并由局部感染扩散为全身性感染。出现合并症是因为机体的防御功能减退和诱发潜伏期感染等。出现合并症时,一般采取对症疗法来控制病情的发展。除此之外,要对反应的猪注射大量保肝药物,如注射5%～10%的葡萄糖、维生素C来增强猪肝脏的解毒功能。合并症的主要表现是超敏反应,个别猪只因个体差异,在注射活疫苗后30分钟左右开始出现呼吸急促、全身潮红或苍白等异常症状,如接种猪瘟、口蹄疫疫苗常有Ⅰ型超敏反应,反应率在0.5%~5%,这可能与机体生理因素、免疫功能状态有关。一般要常备0.1%肾上腺素和地塞米松等解救。多次注射灭活苗有时可引起过敏反应,在实际工作中应注意。

免疫接种是传染病综合性预防的重要措施之一,是传染病免疫预防的具体实施,是用疫(菌)苗预防传染病的有效手段。掌握免疫接种技术,制定合理的免疫程序,是从事养殖业的专业人员应具备的基本技能。

第五章 种猪饲养管理

种猪是一个猪场的印钞机，只有养好种猪，才能实现猪场盈利。饲养管理在种猪饲养中发挥的作用远大于遗传因素。因此，一定要实现种猪精细化管理，以提高生产成绩。

第一节 种公猪的饲养管理

养公猪的目的是为了配种。配种工作是养猪场的一个重要的生产环节，也是实现多胎高产的第一关。要做好配种工作，一方面是如何提高公猪的性欲和精液的质量，另一方面是促使母猪正常发情和多排活力强的卵子，然后进行适时配种和实施先进的配种技术。

一、饲养种公猪的要求

(1)保持种公猪体质健康、生长发育良好，充分发挥其品种(参见第二章)的性能优势，使其膘情适中，在配种季节内，性机能旺盛，使用年限长。

(2)生产品质优良的精液，精子的活力强、密度高，配种后母猪受胎率高。

(3)加强调教，使种公猪性情温驯，不产生恶癖，便于接近，达到人畜亲和。

种公猪的饲养管理工作，应当着重于营养、运动、配种利用三个方面的平衡，要依据配种任务，制订其对营养和运动的需要量。

二、合理饲养种公猪

在所有家畜中，公猪的交配时间最长、射精量最多。公猪每次交配的时间平均为10分钟左右，也有达到15分钟以上的，这需要消耗较多的体力。公猪一次的射精量通常能达到150～500毫升。蛋白质是构成精液的重要成分。在公猪的日粮中如能供给规定数量的蛋白质(根据猪种不同，粗蛋白为12%～17%)，对增加精液数量、提高精液质量以及延长精子寿命来说，都有很大作用。因此，在公猪的日粮中一般应含有不低于12%的粗蛋白质。钙、磷对公猪精液的品质也有很大的影响，缺乏时会造成精子畸形和死亡。在公猪日粮中应含有0.6%～0.75%的钙，0.5%～0.6%的磷，而钙和磷的正常比例，一般保持在2∶1.5最好。此外，应含有0.35%～0.4%的食盐。维生素A、维生素C、维生素E也是公猪不可缺少的营养物质。当日粮中缺乏维生素A时，公猪的睾丸会发生肿胀或萎缩，不能产生精子；缺乏维生素C、维生素E时，则会引起精液的品质下降，但在添加青饲料的日粮中，常不会感到缺乏。

饲养公猪，必须要按公猪的体重、年龄和配种频度，喂给不同营养水平的饲料，绝对不能等同对待。如中国猪的饲养标准中规定：非配种期公猪日粮日采食量为2千克，而配种期公猪日粮日采食量则为 2.5 千克。

实践证明,喂公猪的饲料体积应小些,精料的喂给量应比其他猪稍多些。饲料容积过大,或采用稀喂法,往往造成腹大下垂,影响配种。

根据全年内配种任务的集中和分散,公猪有两种饲养方式。

一贯加强的饲养方式:猪场实行流水式的生产工艺,母猪实行全年分娩时,公猪就需负担常年的配种任务。因此,全年都要均衡地保持公猪配种所需的营养水平。

配种季节加强的饲养方式:母猪实行季节性分娩时,在配种季节前一个月,对公猪逐渐增加营养水平,在配种季节保持较高的营养水平。配种季节过后,逐步减低营养水平,但仍然需供给维持公猪种用体况的营养需要。

三、科学管理种公猪

公猪的管理工作中,最重要的是运动。公猪运动的作用是:加强血液循环,增强体质和健康,防止肥胖和虚弱;提高新陈代谢水平,促进食欲;促进各器官发育与机能;对公猪性欲及精液质量有重要的影响。除大风大雨及中午炎热外,每天都要运动,每日驱赶两次,每次 1.5～2 千米。驱赶公猪运动时,每次一头猪,以免打架;如采取群牧,要从幼年时训练合群运动。

公猪一般单圈关养,合圈关养应从小训练。猪舍围墙要高(1.2～1.4 米)而坚固。猪体每天用刷子刷拭一次,夏天应经常洗澡，以减少皮肤病和体外寄生虫病，还能使猪体舒适，肌肉放松，促进新陈代谢，增进食欲。要经常修整公猪的蹄子，以免在交配时刺伤母猪。公猪应定期称重，然后根据体重变化情况，检查饲料是否适当，以便及时逐月增加或减少饲料量。成年公猪体重应无太大变化，但需经常保持中上等膘情。此外，还应经常检查精液品质，着重检查精子的数量和活力，从中发现问题，分析原因，以便及时采取措施。精子活力评定用十级制，以一个视野的直线前进运动的精子数目计算，100％为 1.0 级，90％为 0.9 级，依此类推。密度分密、中、稀、无四级。公猪精液密度中等以上，活力 0.6 以上才能用于输精。

四、合理应用种公猪

小公猪配种年龄因品种与饲养管理条件的差异而有所不同。广东大花白猪，40 日龄就有性行为，3～4 月龄即可参加配种，而培育品种及其杂种，性成熟则较晚，初配月龄为 5 月龄左右，国外瘦肉型猪初配以 9 月龄，体重 130 千克以上为宜。

公猪每月配种次数应根据年龄、生长发育、营养水平而定。在正常饲养条件下，一般 2～4 岁壮年公猪，每日可配 1～2 次，若配两次，两次间隔 8～10 小时，连配 5～6 天，休息一天。一般 1～2 岁的公猪，每日配种不宜超过一次，连配 2～3 天休息一天。

五、配种注意事项

(1)进入配种季节之前,技术员要制订全场种猪选配计划,分别抄送公猪及母猪饲养员,共同遵照执行。

(2)配种时间宜在早晨或傍晚喂饲后 2 小时进行。交配地点以在母猪圈附近为好。

(3)配种前,必须用清水洗净公母猪外生殖器官,如阴门及阴茎鞘,再用 0.1%高锰酸钾溶液消毒,防止病原体感染生殖道,引起炎症。

(4)对初次配种的青年公猪要人工辅助。对公母猪体格悬殊的,可选择有斜坡的地方,让体大的公猪站在斜坡的下面,小母猪站在上面;或者在母猪背上放一条麻袋,当公猪爬上母猪时,由两人提着麻袋的两个角,以减轻公猪前躯对母猪的压力。

(5)公猪是多次射精的家畜,一次交配时间可长达 15～20 分钟,射精的累计时间约 6 分钟,体力消耗较大。如果公猪配种量不大,可以不控制其射精,任其配完下来;但当公猪配种负担量较大或很集中时,为减少体力消耗,则可把每次交配的射精次数控制在 2 次为宜。方法是,当公猪射精 2 次后,慢慢赶母猪向前走动,当公猪跟不上时,自然会从母猪背上滑下来,切忌用鞭子赶公猪下来。怎样才知道公猪射精 2 次了呢？公猪的射精可根据肛门是否颤动来判断。射精时,公猪停止抽动,睾丸紧缩,肛门不停地颤动。在射精间歇期间，公猪又重新抽动，睾丸松弛，肛门停止颤动。据此，可准确判断公猪射精次数。那么，把射精的次数控制在2次，是否影响母猪的受胎率和产仔数呢？不会的。公猪射精时间累计起来是6分钟左右，可是一次交配全部精子的80%在开始射精的头2分钟内射出，所以只要让公猪射精2次，是完全能保证母猪正常受胎的，这在实践中已得到证实。

(6)配种后，母猪仍处于呆滞状态，背腰拱起，站立不动，应立即用手掌轻轻击打母猪背腰，使之伸平，以防精液倒流。配种时，公猪高度兴奋，体力消耗大，配种后，切忌让公猪下水滚泥或用冷水洗身，以免引起疾病。

(7)公猪对高温的刺激更为敏感，高温能严重影响公猪的生殖机能。

要保持饲养公猪健康结实的体质，过肥过瘦都将影响精液的质量，故在饲养中应注意日粮中碳水化合物的含量并保持适度的运动。

第二节　后备母猪的饲养管理

规范地进行后备母猪的饲养管理，确保3～3.5分的合理膘情，使之正常发情、正常排卵，确保健康、合格的后备母猪顺利转入基础群。

一、合理饲养后备母猪

1. 后备母猪营养需要

配合饲料应含消化能 13 兆焦/千克，粗蛋白质 16%，赖氨酸 0.8%，钙 0.75%，磷 0.65%。

2. 限饲优饲

日喂料两次。母猪 6 月龄以前自由采食，7 月龄适当限饲，配种使用前一个月或半个月优饲。限饲时喂料量控制在 2 千克以下，优饲时 2.5 千克以上或自由采食。

3. 饲料调控

后备母猪每天每头喂 2.0～2.5 千克，根据不同体况、配种计划增减喂料量。后备母猪从第一个发情期开始，要安排喂催情料，比规定料量多 1/3，配种后料量减到 1.8～2.2 千克。

二、科学管理后备母猪

1. 确定配种日龄

后备母猪在 7 月龄转入配种舍。后备母猪的初配月龄须达到 8 月龄，体重要达到 120 千克以上。

2. 建立档案

做好后备母猪发情记录，并将该记录移交配种舍人员。母猪发情记录从 6 月龄时开始。仔细观察初次发情期，以便在第二、第三次发情时及时配种，并做好记录。

3. 保健饲养

引入后备母猪头一周，饲料中适当添加一些抗应激药物，如维力康、维生素 C、多维、矿物质添加剂等。后备母猪保健饲养可参照 168 页“三、做好保育猪保健工作”。

4. 引种隔离

外引猪的有效隔离期约 6 周(40 天)，即引入后备母猪至少在隔离舍饲养 40 天。若能周转开，最好饲养到配种前一个月，即 7 月龄。

5. 刺激母猪发情

进入配种区的后备母猪每天放到运动场 1～2 小时，并用公猪试情检查。以下方法可以刺激母猪发情：调圈，和不同的公猪接触；尽量靠近发情的母猪处；进行适当的运动；限饲与优饲；应用激素。

6. 淘汰不发情母猪

凡进入配种区后超过 60 天不发情的经治疗无效的小母猪应淘汰。

7. 疫病防控

按进猪日龄，分批次做好免疫计划、限饲优饲计划、驱虫计划并予以实施。后备母猪配种前驱体内外寄生虫一次，进行流行性乙型脑炎、细小病毒病、猪瘟、口蹄疫等疫苗的注射。对患有气喘病、胃肠炎、肢蹄病等病的后备母猪，应隔离单独饲养在一栏内；此栏应位于猪舍的最后。观察治疗两个疗程仍未见好转的，应及时淘汰。

第三节　母猪的发情与配种

一、发情

1. 发情周期

青年母猪性成熟后，每隔固定的时间，卵巢中重复出现卵泡成熟和排卵过程，并出现发情行为，如不配种，这种现象将周期性重复出现，称为发情周期。母猪的正常发情周期一般为 18～23 天，平均为 21 天，发情持续期为 5 天。

2. 发情征状

(1)行为表现　地方品种常有鸣叫，翻圈，食欲减退或停止采食，喜欢爬跨其他母猪或被其他母猪爬跨，频频排尿，神情呆滞等外部表现，但引进品种及其杂种母猪发情表征不明显。

(2)外阴的变化　主要表现为红肿(图 5-1)和排出黏液。开始发情时阴户红肿，颜色由浅变深；发情至旺盛时期，外阴排出白色浓稠丝状黏液。

二、配种

1. 配种注意事项

(1)场地要平坦不滑。

(2)时间选择在饲喂后 2 小时。

(3)公母猪体格体型不能差异太大。

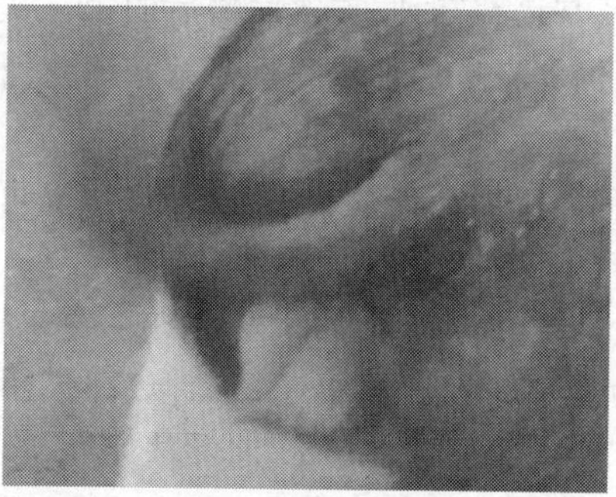

图 5-1 发情母猪外阴红肿

(4)冬季、雨天交配宜在室内进行,夏季宜在早晚凉爽时进行。

(5)配种前用0.1%的高锰酸钾溶液清洗公母猪外阴部。

(6)做好配种记录。

2.确定初配年龄

后备小母猪适宜的配种年龄,随品种类型、饲养管理水平和气候条件不同而异,但可从以下两方面进行判断:

(1)根据体重和年龄判断 早熟地方品种4~5月龄,体重50~60千克时配种较适宜,晚熟大型引进品种如长白猪、大白猪、杜洛克猪,体重120千克左右时配种较好。如果饲养管理条件较差,虽达到配种年龄,但体重较小,或体重达到配种体重,而年龄尚小,最好推迟配种时间。

(2)根据发情次数确定 无论是我国地方品种,还是大型引进品种及其培育杂种,首次发情后的第三次发情配种较好,这就要求饲养者进行细致观察并做好记录。

3. 做到适时配种

适时配种是提高产仔数的关键措施之一,可以从以下两方面确定适宜的配种时间:

(1)从发情征状判断　判断发情要一看二摸三压。“一看”是看行为表现,如 78 页所述;“二摸”即摸阴户看分泌物状况;“三压”即按压母猪腰荐部,母猪表现呆立不动、竖耳举尾,此时配种最易受孕。

(2)从发情时间上判断　母猪排卵是在发情后 24～36 小时,平均为 31 小时,卵子在生殖道内保持受精能力的时间为 8～12 小时,而精子的存活时间为 25～30 小时,因此精子应在卵子排出前 2～3 小时达到受精部位,以此推算,适宜的配种时间应是母猪发情开始后的 21 小时,即在发情的第二天配种。

4. 确定情期配种次数

母猪排卵持续 10～15 小时,为了充分发挥母猪的生殖潜力,增加产仔数,降低返情率,提倡在发情期内 2 次配种,间隔时间为 8～12 小时。

第四节　妊娠母猪的饲养管理

养好妊娠母猪的目的是保证胎儿的正常发育,防止流产和死胎,确保母猪多产,仔猪健康、初生重大、均匀一致,并使母猪保持中上等体况，为哺育仔猪做准备。

一、母猪的妊娠诊断

为了缩短母猪的繁殖周期，增加年产仔窝数，需要对配种后的母猪进行早期妊娠诊断，越早确定妊娠对生产越有利。主要方法如下：

1. 根据发情周期和妊娠征状诊断

不用任何仪器或药物，简单易行，在生产中广泛应用。母猪妊娠后性情温驯，喜安静，贪睡，食量增加、容易上膘，皮毛光亮，阴户收缩。一般来说，母猪配种后，过一个发情周期没有发情表现说明已妊娠，到第二个发情期仍不发情就能确定是妊娠了。采用该方法进行妊娠诊断需要一定的生产经验。

2. 使用超声波诊断

利用超声波妊娠诊断仪（B 超）对母猪进行腹部扫描，观察胚泡液或心动的变化，这种方法在妊娠 28～45 天时有较高的检出率，可直接观察到胎儿的心动。

3. 注射激素诊断

在母猪配种后 16～17 天，耳根皮下注射 3～5 毫升雌激素，注射后出现发情征状的是空怀母猪，5 天内不发情的为妊娠母猪。

注意！使用该方法一定要慎重，如果使用不当会造成流产或繁殖障碍。

4. 检测尿中孕酮诊断

母猪妊娠后尿中孕酮含量增加。检测原理是孕酮与硫酸接触会出现豆绿色荧光化合物，该反应随妊娠期延长而增强。具体做法：取母猪尿液15毫升放入试管中，加浓硫酸3毫升或浓盐酸5毫升，加温至100℃，保持10分钟，冷却至室温；加入18毫升苯，加塞后振荡，分离出有雌激素的液层，加10毫升浓硫酸，再加塞振荡，并加热至80℃，保持25分钟；借日光或紫外线灯观察，若在硫酸层出现荧光，为阳性。该方法准确率可高达95%，对母猪无任何危害。

二、妊娠母猪的饲养

1. 妊娠母猪预产期的推算

母猪配种时要详细记录配种日期和与配公猪的品种及耳号。一旦认定母猪妊娠就要推算出预产期，便于饲养管理，做好接产准备。母猪的妊娠期平均为114天。

(1)"三三三"法　为了便于记忆可把母猪的妊娠期记为三个月三周零三天。

(2)配种月加4、配种日减6法　即在母猪配种月份上加4，在配种日上减6，所得日期就是母猪的预产期。但这里的"月"按30天计，实践中注意大小月换算。例如：2015年2月1日配种，5月26日分娩；3月20日配种，7月12日分娩。

2. 妊娠母猪的合理饲喂

母猪妊娠后新陈代谢机能旺盛，对饲料的利用率提高，蛋白质的合成增强。妊娠母猪饲养成功的关键，是在妊娠期给予一个精确的配合日粮，以保证胎儿良好的生长发育，最大限度地减少胚胎死亡，并使母猪产后有良好的体况和泌乳性能。

在没有严重的寄生虫感染、单独饲喂的适当环境条件下，母猪配种后立即采取限制饲养的方法，每天饲喂 1.8 千克饲料。如果下一情期没有发情，可以按受孕母猪饲养，饲料量增加到 2.25 千克。集约化猪场妊娠母猪多采用限位栏(图 5-2)饲养，这样更加方便管理，还能准确控制喂料量。

图 5-2　母猪限位栏

妊娠母猪限制饲养具有下列好处：

(1)增加胚胎的存活率；

(2)防止仔猪体重过大，减少母猪难产；

(3)防止母猪过肥；

(4)减少母猪哺乳期间的体况消耗；

(5)减少饲养成本；

(6)降低乳房炎的发生率；

(7)增加母猪使用年限。

母猪妊娠期的饲料消耗量与哺乳期饲料消耗量成反比，这意味着妊娠期采食量增加，哺乳期采食量就减少。哺乳期的采食量与奶产量高低有直接关系，即母猪进食多，奶量就大，从而提高仔猪的生长速度。为了防止妊娠期采食量多影响泌乳期采食量，有必要对妊娠母猪进行限饲。但是，限饲是有限度的，每头妊娠母猪日喂饲料量最低也不应少于1.8千克。在母猪妊娠期95天以后，日喂料量应逐渐增加到3千克(仍然是限饲)，这样既有利于提高仔猪的初生重，又不至于导致胎儿体重过大而造成难产。

3.新技术应用——母猪电子饲喂管理系统

使用电子饲喂系统(图5-3)，自动供给每个母猪预定的料量。计算机控制饲喂站，通过母猪的磁性耳标或颈圈上的传感器来识别个体。当母猪来到饲喂站采食时，计算机就分给它日料量的一小部分。使用自动化母猪饲养管理系统可以轻松实现“三化”：

图5-3　电子饲喂系统

(1)生产全程自动化

①自动供料　采用储料塔＋自动下料＋自动识别的自动饲喂装置,可实现供料自动化。该系统适合任何一种料型,如颗粒料、湿粉料、干粉料、稠拌料或稀料。

②自动管理　通过电脑实现了发情鉴定、温度、湿度、通风、采光等的自动管理。

③数据自动传输　生产数据可以实时传输显示在农场主的手机上。

④自动报警　出现任何问题电脑都会自动报警,生产效率高。

⑤工作效率高　一个 750 头母猪的种猪场只需 2 人。

⑥工作很轻松　饲养员每天进场时间不超过 1 小时,主要工作是配种、转群、观察、处理等。

⑦母猪生产效率高　运用自动化系统,可获得优秀的生产成绩。

⑧经济效率高　自动化系统实现了对群养母猪的个体化管理,避免了人为因素对生产的影响,使养猪整体经济效率大幅度提高。

(2)满足动物福利要求,实现"猪性化"

①扩大了每头母猪的活动面积　大群饲养,让母猪随意运动,活动面积扩大到 2.5 米^2/头。

②自由分群,随意组合,个性化采食　自动饲喂系统实现了群养单饲。母猪自由分群,随意组合,自由选择采食时间。

③自动识别和隔离　通过对行为习性的自动监控,个体识别系统实现了对特殊个体(如发情母猪、返情母猪等)的自动隔离,减少了观察工作量和主观误差。

④宽松的生活环境　在一系列减少应激措施的基础上,采用播放轻松音乐等方式来改善猪的生活环境。

(3)生产数据管理的高度智能化

①自动完成对每头母猪体重的监控,并通过制图形式加以反映,为管理者提供最精确的数据。

②猪群每一阶段的生产数据,用电脑进行辅助分析并制作各种生产报表,为管理者提供群体的数据。

三、妊娠母猪的管理

1.分群饲养

(1)小群饲养　就是将配种期、体重大小和性情强弱相近的3～5头母猪在一圈饲养。到妊娠后期每圈饲养2～3头。优点是可以自由运动,食欲旺盛。缺点是如果分群不当,胆小的母猪吃食少,影响胎儿的生长发育。

(2)单栏饲养　也称定位饲养,优点是采食量均匀。缺点是不能自由运动,肢蹄病较多。

2.提供良好的环境条件

保持猪舍的清洁卫生,注意防寒防暑,有良好的通风换气设备。

3.保证饲料质量

不饲喂妊娠母猪发霉变质和有毒的饲料，供给清洁饮水。

4.耐心管理

对妊娠母猪态度要温和，不要打骂惊吓，经常触摸腹部，可便于将来接产管理。每天都要观察母猪吃食、饮水、排便和精神状态，做到防病治病，定期驱虫。

第五节 母猪的分娩与接产

母猪分娩是养猪生产中最紧张的环节，在了解母猪分娩前征兆的基础上，全力以赴，尽心尽力，做好产前准备工作和接产工作，保证母猪安全产仔，仔猪成活健壮。

一、分娩母猪的产前行为

(1)随着临产期的接近，母猪表现出筑巢行为。此时可能会显得非常不安。

(2)当临产期更近时，可以挤出初乳。在即将分娩前，偶尔可看见乳头滴奶现象。

(3)母猪临产前，阴门红肿下垂(图 5-4)，尾根两侧出现凹陷，这是骨盆开张的标志。排泄粪尿的次数增加。

(4)有时可见阴门处有黏液流出。

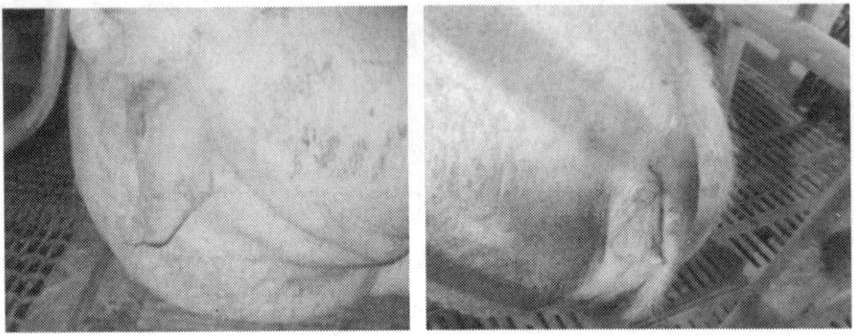

图 5-4　临产母猪阴门肿大

二、母猪分娩前的准备工作

1. 保持产房产床环境卫生

产房要彻底清扫，用火碱水等消毒药消毒，有条件的最好用熏蒸消毒更彻底。

2. 母猪提前进入产房

母猪产仔前一周进入产房，上产床前将全身冲洗干净，这样可保证产床的清洁卫生，减少初生仔猪的疾病。

3. 准备好接产用品

母猪产前要准备好下列用品：水盆（或水桶）、干净毛巾（也可以用洗净的软质衣服等代替）、催产素、针具、结扎线、临时性采光用具。必要时也可适当准备输液药品。

三、接产操作

1. 判定是否难产

母猪分娩的持续时间为30分钟到6小时，平均约为2.5小时，平均出生间隔为15～20分钟。产仔间隔越长，仔猪就越弱，早期死亡的危险性越大。产仔间隔长还会增加流产的危险。对于有难产史的母猪，要进行特别护理。

母猪分娩时一般不需要帮助，但出现烦躁、极度紧张、产仔间隔超过45分钟等情况时，就要考虑人工助产。

2. 接产操作

(1)母猪产仔时保持安静的环境，以防止难产和缩短产仔时间。

(2)仔猪出生后先用清洁的毛巾擦去口鼻中的黏液，使仔猪尽快用肺呼吸，然后再擦干全身，如天气较冷立即将仔猪放入保温箱烤干。

(3)当仔猪脐带停止波动即可断脐。方法是先使仔猪躺卧，把脐带中的血反复向仔猪腹部方向挤压，在距仔猪腹部5～6厘米处剪断，断面用5%的碘酒消毒。

生产上应避免母猪分娩无人看管。

第六节　哺乳母猪的饲养管理

为实现提高泌乳量、减少母猪失重、提高子宫修复能力、提高仔猪断奶重、减少仔猪脂肪性下痢等目标，不仅要重视母猪妊娠阶段的饲养管理，更要重视哺乳阶段的饲养管理。

一、哺乳母猪的营养需要

泌乳母猪不同乳头泌乳量也不相同。一般是靠近前边胸部的几对乳头泌乳量比后边的高。母猪的乳房没有乳池，每次放奶的时间不到 1 分钟。每天的哺乳次数达 20 次以上，一头泌乳母猪的日产奶量大约为 7 千克。泌乳期总的目标是使泌乳母猪采食量增加到最大限度，体重减少到最低程度。哺乳母猪合适的管理对于实行早期断奶的猪场极其重要，而尽最大努力提高母猪采食量成了哺乳阶段饲养管理的核心。

讲究营养浓缩化，并提高蛋白质、钙、磷、氨基酸、维生素、微量元素等水平，不仅利于泌乳，还可减少母猪失重，防止仔猪营养性下痢等。

提高能量水平，如提高玉米含量达 61%～65%，另外添加 3%红糖或 1%葡萄糖来促进泌乳和刺激胰岛素分泌，以此提高雌激素、促卵泡激素的分泌水平，促进子宫修复。

提高优质的蛋白饲料供给量，豆粕含量达 20%～25%，鱼粉达 3%～5%，以此提供丰富的必需氨基酸和丰富的必需脂肪酸，不仅有利于高质量的泌乳，更有利于加速产后受损子宫的修复。

提供 2%大豆油（含 99%脂肪）。因其含有丰富的必需脂肪酸，有利于加速子宫的快速修复，而且具有促进泌乳和防便秘的作用。

二、哺乳母猪的饲养

泌乳母猪应得到全面的养分与能量，要依据母猪的体重或体况、奶量及其成分、猪舍状况等来确定其需求。总的要求是，从分娩当天开始，提供新鲜饲料，在保证消化正常的前提下，尽量让它们多吃。母猪分娩一周后，日采食量应达到5～6千克。营养负平衡时母猪一般靠消耗背膘来泌乳，泌乳期在一定程度上会减轻一些体重。生产上要通过适宜的饲养措施来控制体重的减轻程度，以防止繁殖上发生问题。

如果母猪在分娩后10天不能很好地泌乳，就要检测日粮，特别注意钙和磷的水平。

母猪摄入高能量日粮的数量与常规饲料相同，所以可以通过提供高能量日粮来增加能量的摄入。

足够的蛋白质摄入量，以保证在断奶后及时发情和排卵。在泌乳期如果蛋白质不足，会影响断奶后母猪的发情和受孕，尤其是对于初产母猪。

【我国农民的经验做法】

(1)开始供给稀料。

(2)2～3天后饲料喂量逐渐增多。

(3)5～7天改喂湿拌料，饲料量可达到饲养标准规定量。

(4)日喂3次，有条件的场可加喂一些优质青绿饲料。

三、哺乳母猪的管理

1. 保持良好的环境

(1)粪便要随时清扫，保持清洁干燥和良好的通风。

(2)冬季应注意防寒保温，根据需要配置取暖设备，防止贼风侵袭。

(3)在夏季应注意防暑，增设防暑降温设施，防止母猪中暑。

2. 保护母猪的乳房

(1)母猪乳房的发育与仔猪的吸吮有很大关系，特别是头胎母猪，一定要使所有的乳头都能均匀利用，以免未被吸吮利用的乳房发育不好，影响泌乳量(图 5-5)。

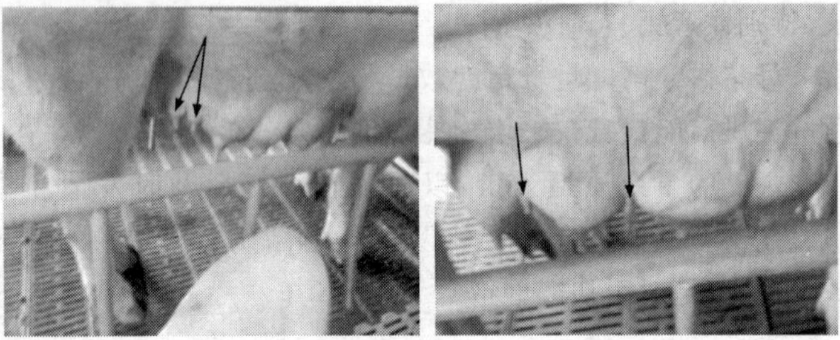

图 5-5　母猪乳头未能均匀利用，部分乳房出现萎缩

(2)圈栏应平坦，特别是产床要去掉突出的尖物，防止刖伤刖掉乳头。

3.保证充足的饮水

(1)母猪哺乳的需水量大,每天达32升以上。

(2)只有保证充足清洁的饮水,才能有正常的泌乳量。

(3)产房内要设置乳头式自动饮水器(流速每分钟1升)和储水设备,保证母猪随时都能饮水。

4.注意观察

(1)要及时观察母猪吃食、粪便、精神状态及仔猪的生长发育,以便判断母猪的健康状态。

(2)如有异常及时报告兽医检查原因,采取措施。

第七节　空怀母猪的饲养管理

断奶到再配种期间,应给予适宜的日粮水平,促使母猪尽快发情受孕。

一、空怀母猪的营养需要

粗蛋白13%～14%,消化能12.12～12.50兆焦/千克,赖氨酸0.5%～0.8%。维生素A、维生素D、维生素E对母猪繁殖性能影响很大,每千克饲料中要求:维生素A 2 000～3 000国际单位,维生素D 180～200国际单位,维生素E 8～10国际单位。

二、空怀母猪的饲养

(1)整个空怀期间尽量达到自由采食状态,日采食量3～

4 千克,尽可能地提高母猪的膘情体况;提高营养和能量,为母猪发情、排卵、受孕做好准备。

(2)在炎热的季节,母猪受胎率常常会下降。在日粮中添加一些维生素,可以提高受胎率。

(3)初产青年母猪产后不易再发情,主要是体况较差造成的。因此要为体况差的青年母猪提供充足的饲料,以缩短配种时间,提高受胎率。配种后,立即减少饲喂量到维持水平,对于正常体况的母猪每天的饲喂量为 1.8 千克。

三、空怀母猪的管理

(1)单栏饲养活动范围小,母猪舍最好饲养公猪,以促进发情。

(2)小群饲养可以自由活动,特别是设有舍外运动场的圈舍,运动的范围较大。

群饲可促进发情,群内出现发情母猪后,由于爬跨和外激素的刺激,可诱导其他母猪发情,便于观察和发现发情母猪,以及使用试情公猪。

(3)早晚两次观察,记录空怀母猪的发情状况。

(4)喂食时观察其健康状况,及时发现和治疗病猪。

(5)提供干燥、清洁、温湿度适宜、空气新鲜的环境,否则将影响发情排卵和配种受胎。

第六章 仔猪培育

仔猪生后有着区别于大猪的生理特点，对环境的要求高，特别是对温度要求高；因为体内几乎不含抗体，所以极易患病，特别是腹泻，发病率可以达到100%；在集约化饲养的环境下，仔猪生后1周左右就会因为缺铁导致贫血，必须补充铁剂；生后1周后要进行补料，但处理不当会导致腹泻发生；4～5周龄进行断奶时，要尽量减少应激，避免发生水肿病。根据生产流程的特点，分为四个阶段任务，即使仔猪度过"初生关"、"下痢关"、"补料关"、"断奶关"。实践中要紧紧抓住仔猪的这些特点开展工作，做到早吃初乳、固定乳头、正确补铁、防治下痢、适时补料，确保健康快长，达到最大的成活率和最大的断奶窝重。

第一节 顺利度过"初生关"

一、新生仔猪的生理特点

1. 生长速度快

仔猪出生后代谢十分旺盛，体重增加很快。1月龄体重可以达到初生重的5～6倍，2月龄可以达到12倍以上。有的增重速度更快，这是牛、马等动物不能相比的。据学生反馈信息，抚顺宏业牧业有限公司一窝 28 日龄仔猪体重达到 13 千克。在目前的养猪水平下，抚顺连生牧业有限公司 70 日龄仔猪体重达到 30 千克以上已经不足为奇，有的已经达到 35 千克。可见仔猪生长十分迅速，在此期需要的营养物质相对较多，要求饲料营养全价。

2. 消化能力差

主要表现在如下几方面：

(1)胃肠容积小，每次容纳食物的体积有限，如果每次采食量过大，很容易造成消化不良性腹泻。

(2)消化液成分不全，缺乏游离盐酸、蛋白酶、蔗糖酶，在配制人工乳时避免加入蔗糖，否则可能造成腹泻，甚至中毒。配制乳猪料时，必须限制植物性蛋白饲料比例，最好用一定比例的动物性蛋白饲料。

3. 抗寒能力差

初生仔猪皮薄毛稀，皮下脂肪少，保温隔热能力很差。大脑皮层调节体温的机能不健全，几乎不能进行化学调节。新生仔猪没有经过冷热交替训练，对冷热变化不能很好地适应，特别怕冷。刚出生的仔猪要求环境的临界温度是 35℃，如果环境温度低，仔猪用大量血糖转化为热能维持体温，时间过长就会造成血糖降低，继而身体虚弱，抵抗力下降，甚至引起低血糖性腹泻或出现昏迷、抽搐等现象(有些人误以为是脑炎或是伪狂犬病等)。如果环境温度低于 30℃，仔猪就会出现体温逐渐下降，甚至被冻僵冻死。

4.抗病能力差

新生仔猪出生后体内几乎没有免疫抗体，自身抵抗力极低，容易感染疾病。因此，应该尽早得到母源抗体。同时应注重管理，特别是要保证环境舒适。

二、提供适宜的环境温度

（一）仔猪对环境温度的要求

北方地区冬季仔猪对环境温度的要求见表6-1。当观察到仔猪全身颤抖、四肢集于腹下、互相叠加拥挤在一起或向热源积聚时，说明环境温度低；如观察到仔猪远离热源、舒展身躯或呼吸加快时，说明环境温度过高（图6-1）。

表6-1　北方地区冬季仔猪对环境温度的要求

仔猪日龄	需要温度/℃
1～7	32～35
8～14	30～32
15～21	29～30
22～28	26～29
29～35	24～26

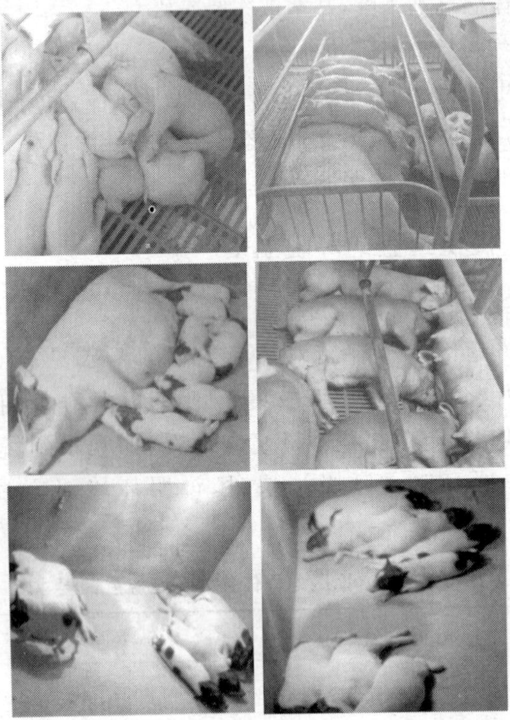

图 6-1　不同环境温度下仔猪的表现
(上二:温度低,中二:温度适中,下二:温度高)

(二)利用保温箱提供舒适的环境温度

仔猪出生后,擦干身上黏液、断脐带、消毒,立即将其放入保温箱中(图 6-2)。北方冬季保温箱内有效温度控制在

35℃。目前我国应用保温箱培育仔猪是最常见的育仔方式。保温箱的材质有玻璃钢、水泥、金属、木材等。

图 6-2　产床上的保温箱

母猪在产床产仔时，保温箱常放置于两头相邻母猪之间的固定位置。并列放置的两个保温箱分别对应不同的母猪所带的两窝仔猪。

母猪在地面产仔时，常把仔猪保温箱放置在产房一角（如果是水泥保温箱常常是固定的），保温箱下方的小门朝向母猪，方便仔猪出入。箱内底面铺上清洁、干燥、卫生、柔软的垫草或泡沫垫。

1. 使用玻璃钢保温箱育仔

玻璃钢保温箱是最普通、最常见的保温箱，使用方便。在集约化猪场都能见到。有分体式和一体式两种。几乎所有猪场都是购买而不是自己制作。

玻璃钢保温箱的优点是有专门的观察窗、通风口、灯孔，体积较小，轻便，使用方便，并且强度高、韧性好、耐老化、耐腐蚀，内壁光滑，方便刷洗，保温效果较好。但是当仔猪出入的小门位于中间时，如图 6-3 左图所示，容易有凉风直接吹向猪体，使仔猪感到不适，降低仔猪抗病力，容易出现疾病。从保温效果来看，小门居于一端为好，如图 6-3 右图所示。

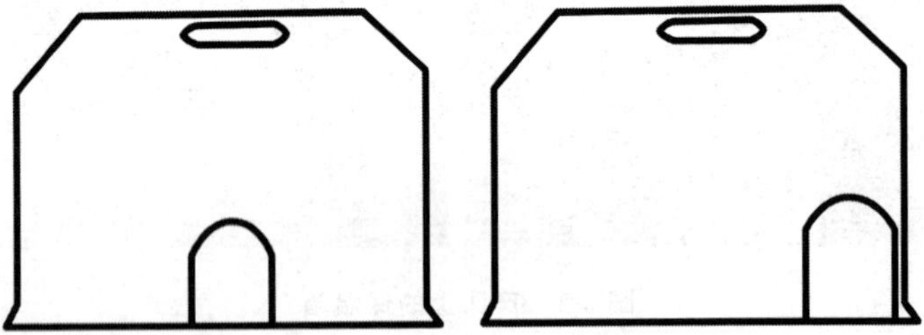

图 6-3　一体式仔猪保温箱模式图

注意：保温箱内切忌有贼风。如果有贼风或湿度大，则仔猪抵抗力下降，疾病发生率增加。因此，仔猪出入口在保温箱一侧为佳，在中间则效果较差。如果小门有自动门帘或人为开闭小门对防止贼风效果更佳。

2. 使用木质保温箱育仔

木质保温箱(图 6-4)没有固定格式。在箱前壁下部一侧开一宽 20 厘米、高 30 厘米的小门，为仔猪出入口。箱的上盖为 2～3 块活动木板，其中居中的一块悬挂灯泡，做热源，箱的上部或侧壁常开设长方形小窗，方便观察仔猪在箱内的表现。观察窗最好是设在上部，只有一个即可，窗口太多导致箱内热量大量丧失。

图 6-4 木质保温箱

木质保温箱的优点:大小及形状没有固定模式,制作容易,木板厚度也不定,可用家庭生活木箱改制。任何猪场都适用,特别是普通农户饲养少量母猪时最实用。但是木箱并不经久耐用,不方便冲刷。

3. 使用水泥预制保温箱育仔

制作方法一:用砖砌成。方法是单砖砌,可立砖或平砖砌,用砂浆做胶泥,水泥罩面。箱内面贴一层保温板,保温板的里层罩一层金属网,金属网用水泥加胶固定,可以大大增强保温隔热效果,并且有一定的强度。这种结构类似人的住宅。见图 6-5。

制作方法二:先做一个金属框架,如用 10～12 号钢筋做成框架结构,在金属框架内外分别罩金属网,外网与框架之间用水泥沙石灌注后水泥罩面,箱里面设保温层,保温箱内表面涂深色涂料。

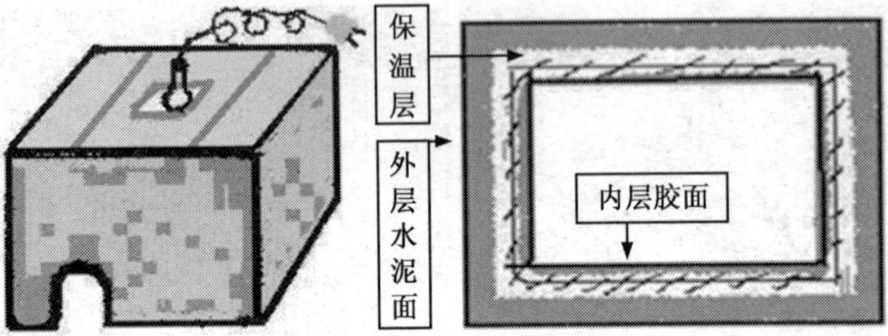

图 6-5　水泥保温箱内衬保温层

（左：模式图，右：水平剖面图）

无论哪种水泥保温箱，位置往往是固定的。四壁是水泥结构，上盖是木板的，以减少重量，方便开启和工作。保温箱内面一定是光滑的，否则容易擦伤仔猪。

水泥预制保温箱价格低廉，但是重量大，移动不方便，多为固定式。内部空间可加大，可以在其中设置补料槽。这种保温箱必须内衬木板或保温板，否则保温效果差。多适于农村散养户使用。

4. 使用金属材质保温箱育仔

金属保温箱可以用正规的模具生产（专业生产厂），也可以用铁箱、铁桶等改装。

金属保温箱的特点：使用方便，但是在壁薄时不耐挤压，容易变形。并且保温效果差，必须设保温层效果才更好。在厚度不足且防腐不合理时，容易被腐蚀，使用寿命变短。另外，仔猪出入的小门边缘必须特殊加厚处理，防止划伤仔猪。

(三)合理选择保温箱的供暖热源

1. 用灯泡取暖

利用红外线灯放出的热射线获得热效应，可以起到良好的御寒效果(类似人们生活中使用的浴霸)，同时红外线改善机体局部的血液循环、治疗风湿等疾病，提高免疫力(类似医学上应用红外线理疗)，促进生长发育。目前飞利浦防爆红外线灯有175瓦、120瓦、80瓦等规格，使用时可以根据不同日龄仔猪对温度的需要选择适当的规格(表6-2)或调整其悬挂高度。

表6-2 不同日龄仔猪对保温箱内灯泡功率的要求

仔猪日龄	红外线保温灯功率(冬季)/瓦
1～7	175～250
8～14	175
15～35	150

在保温箱里悬挂250瓦红外线灯泡，通电升温。灯泡距仔猪背部高度最初1～7天是30厘米，7天后应该提高到40厘米。不同日龄仔猪需要的灯泡功率大小可参照表6-2调整。

注意:灯泡离仔猪和垫草切勿过近，严防烤伤仔猪或引起火灾。必要时宁可用两个瓦数小的灯泡，这样热量分布更均匀、更安全有效。但也不能悬挂太高，太高温热效应较差。

一般养猪户多用普通的白炽灯取暖，也可得到一定的热效应。白炽灯多用 100 瓦、150 瓦或 200 瓦。

灯泡供暖的评价:保温灯是自上而下的辐射热,空间温度较高。但是保温灯供热不均匀,灯下温度高于四周,离灯近的地方温度高,离灯远的地方温度低。而且仔猪腹部得不到适宜的温度。强壮者常常霸占温度适宜处,而弱小猪往往被挤到一边。

2. 用电热板取暖

选择电热板的规格时,要注意与保温箱的嵌合程度,太大,装不进去,太小,边缘空隙大,部分仔猪可能被挤到没有电热板的缝隙中而享受不到电热板的温暖(图 6-6)。要求电热板边缘离保温箱侧壁间隙最好不超过 2 厘米。如果是自己制作保温箱,可以按电热板的规格来设计,达到最大程度的吻合。

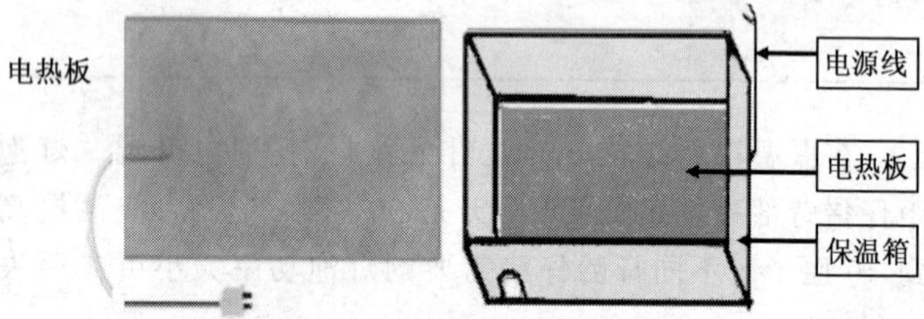

图 6-6　电热板与保温箱

电热板的质量要求:受热均匀,滑涩适宜,防止特别光滑,否则仔猪容易滑倒。边缘不能锐薄或有刺,防止划伤仔猪。同时要求导热性能好，升温快，热量均匀，不漏电，重量适宜，取用方便。

3. 自制简易电热毯取暖

选料：选择长 80～90 厘米、宽 50～60 厘米薄厚适宜的绝缘板（也可以用塑料板）两块。自五金机电商店选购人用电热毯丝 1 套（单人、双人的均可，见图 6-7），另外准备卷尺、剪刀、普通生活用针、丝线。

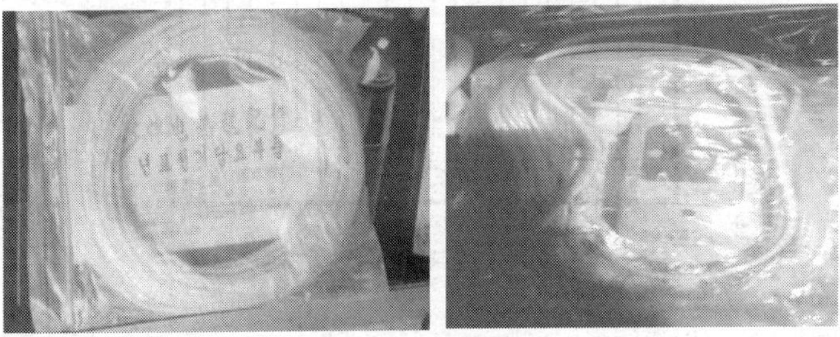

图 6-7　电热毯丝（左：无开关，右：带开关）

制作：取一块绝缘板，在距其两长边 4 厘米处各画一直线 BG、EF，在距一边缘 6 厘米处再画一直线 CH。从绝缘板一个长边端点 A 将电热毯丝一头固定（距离绝缘板短边的边缘约 3 厘米），然后拉直延伸到另一边缘画线 B 处以弧形折回。再拉直，回到直线 CH 处再向远端方向弧形折回……最后沿着距长边 4 厘米的直线 EF 回到初始点 D，将两个端点与电源开关连接（图 6-8）。电热线直线部分每隔 5 厘米左右用普通生活用丝线缝结加以固定。

上述电热毯丝固定完毕，将另一块绝缘板覆盖在上面，四角用线固定后再将其他部分适当用线固定。绝缘板外围套上粗麻布，缝合固定，电热毯即制作成功。

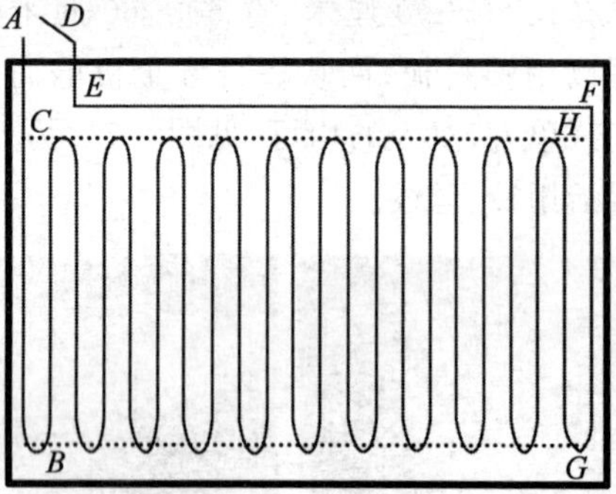

图 6-8　自制电热毯模式图

4. 用灯泡＋电热板(毯)取暖

腹下铺有电热毯(板)、上边有灯泡供暖，这是最理想的供暖方法。这样可以使仔猪完全处于温暖舒适的环境中。

5. 使用敞开式热源供暖

国内外部分猪场根本不用保温箱，而是用红外线灯泡做敞开式热源(仔猪的四周都是敞开的)，相对应的床面放置保温板(保温垫)。有的仔猪直接趴在缝隙床面上。见图 6-9。

敞开式供热造成热量浪费多，仔猪得到的热效应较差，不经济。在电力取暖价格昂贵的情况下尽量不用此法。

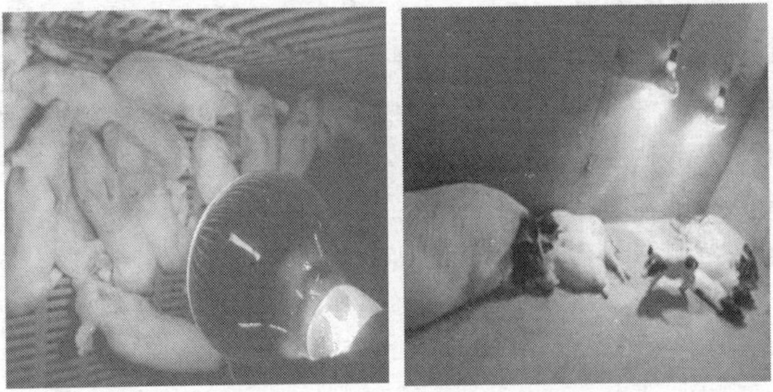

图 6-9　无保温箱培育仔猪

【冻僵仔猪的急救】

因电源故障，饲养员失职，10 日龄仔猪所居环境结冰，12 头仔猪冻死 5 头，另外 7 头都已冻僵。这 7 头仔猪仅有微弱的呼吸，或已经感觉不到有呼吸体征（胸腹部看不到明显的呼吸起伏动态，鼻端也感觉不到有气流呼出）。全身冰凉，口腔内温度也仅在 0℃左右（手感），舌没有活动能力，拉出不回缩，眼无光感反射，全身痛感消失，无任何反射。马上将这 7 头冻僵仔猪放在屋内火炕上，炕面温度烧热到 80℃以上。仔猪身下、身上铺盖棉垫，使其处于 50℃左右的“被窝”中，专人看护，频繁翻身，防止烫伤。2 小时后，冻僵仔猪眼睑有了活动，4 小时后，眼睛有了光感反射，头部能微微活动，4.5 小时后，腿部也有了活动。口腔内温度上升，不再冰凉，舌头也能回缩。用注射器向口腔内注入温热的葡萄糖氯化钠溶液，能自行吞咽一部分。5 小时后四肢活动增强，开始挣扎，6.5 小时后蹒跚站立。此时加厚垫，将其放于 35℃左右的环境中。每头仔猪口腔灌服糖盐水 30 毫升，能够咽下。7 小时后有一定食欲，8 小时后自己主动觅食，次日完全恢复正常。

特别强调：如果仔猪出现冻僵现象，必须及时抢救。农村有用雪搓擦冻僵仔猪全身的“急救”办法，切勿采用，否则加剧冻害。

三、防止母猪踩压仔猪

母猪踩压仔猪致死致残比例可以达 40%以上，使用保温箱或护仔栏能保护仔猪免受踩压。

1. 利用保温箱防止踩压

保温箱是最常用的保温设备，现在国产的连体产床多数带保温箱，对仔猪保温效果极好，同时也是最好的防压设备。仔猪吃奶后回到保温箱内休息，避免了被母猪踩压现象的发生。（参见图 6-2 右）

2. 利用护仔栏防止踩压

护仔栏是保温箱以外最好的防压设备。有的母猪体大笨重，行动迟钝，或母性不好，起卧时易压死或踩死仔猪，特别是初生仔猪行动不灵活更易被踩死、压死。为此，产床都做成限位栏（图 6-10），对母猪限制活动范围，对仔猪也形成保护。在地面产仔时，可在猪床靠墙的两边用铁管或圆木在离墙和地面各 30 厘米处，安装护仔栏（架），母猪在躺卧时，身体先接触的是护仔栏(架),机灵的仔猪可以趁机逃命。

图 6-10　限位栏

四、早吃初乳与固定乳头

1. 尽早吃到初乳

初乳中干物质较多,乳蛋白含量高,特别是免疫球蛋白(抗体)含量丰富。生后最初几小时初乳中免疫球蛋白可以原形被吸收,但吸收率逐渐下降(图 6-11),在大约 6 小时之后,肠道绒毛顶端的吸收孔开始逐渐关闭,吸收抗体的能力迅速下降,到了出生后 24 小时后,乳中免疫球蛋白几乎不能以原形吸收。一般要求在生后 2 小时内吃到初乳,以迅速提高机体免疫力。

一般出生一个多小时后在保温箱内的仔猪,被毛已经干燥,有了一定的活动能力,就应该从保温箱拿出放到母猪乳头附近让其哺乳。拿仔猪时最好两只手托住,拇指和手掌在仔猪体侧进行保护。如果手法娴熟,也可以一只手托腹而拿。切不可拎着猪耳朵,也不应拎着一条前腿。

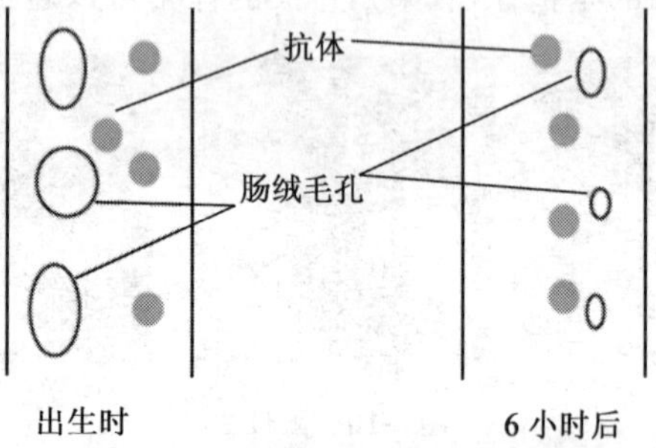

图 6-11　仔猪出生后对抗体的吸收能力变化图示

2. 人工固定乳头

最初 3 天按顺序进行固定乳头，将弱小仔猪放在母猪前面的乳头吃奶，体大强壮的仔猪放在后面乳头吃奶，3 天后便可有序哺乳。对初次哺乳找不到乳头的仔猪(例如跑到母猪头部和尾部的个别仔猪)，应人为辅助其找到乳头，并真正吃到母乳。这要求饲养员有高度的耐心、爱心和责任感(图 6-12)。

抚顺连生牧业有限公司用木板隔开法固定乳头，效果较理想。方法是：在长约 80 厘米的木板上，制作 6 个隔断，每个隔断位置对应一对上下乳头，每一隔内放相应的一对仔猪(仍然是前小后大的原则)(图 6-13)。在仔猪无序乱跑、互相争抢乳头而较长时间不能安静哺乳时，这种方法特别有效。

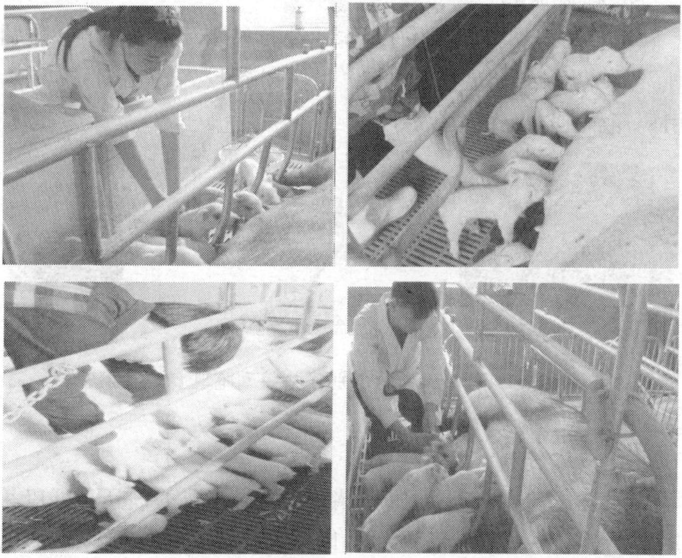

图 6-12 固定乳头

图 6-13 哺乳仔猪限位隔板模式图

3. 特殊哺乳

对实在吃不到奶的仔猪，要进行特殊哺乳。可单独哺乳，或将母猪的初乳挤出来，再用注射器投入仔猪口中，或者用奶瓶饲喂人工乳（图 6-14）。

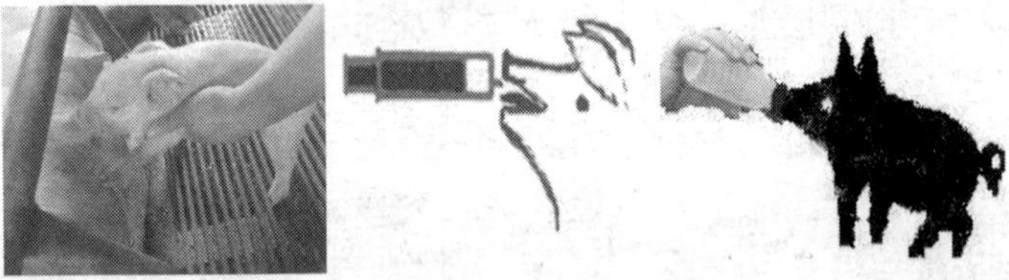

图 6-14　对个别仔猪特殊哺乳

4. 训练仔猪吃两个乳头

如果母猪有效乳头比仔猪多、母猪泌乳量充足，可以采用自然固定法，每个仔猪都可以吃到乳头。同时，应该人为引导，训练个别弱小仔猪吃两个乳头。这样既能让弱仔猪多吃奶，群体发育均衡，同时也可以防止母猪乳头萎缩。

5. 分批哺乳

当仔猪数量过多、乳头数不足时，可以将仔猪进行编号，按单双号把全窝仔猪分为两批次进行轮流哺乳，保证每头仔猪都能吃到奶。

6. 寄养

当仔猪数量多于母猪乳头数而另一母猪的仔猪数少时，可将前一窝仔猪拿出一部分给后一母猪，让其吃继母的奶长大。

(1)确定寄养时间　在生后 36 小时内进行寄养较好。如果超过 36 小时,猪群内生物学地位已经建立,寄养时仔猪就会出现咬架现象。

(2)寄养操作方法　选择在夜间进行。先将被寄养的仔猪与继母的原窝仔猪群共同放入一个保温箱内,经过 1 小时左右时间后气味相同。第一次哺乳时,先在母猪鼻端滴几滴白酒或酒精,使母猪失去对外来仔猪气味的辨别能力,然后让这些仔猪一起哺乳。如果母猪无异常反应,寄养基本成功。

7. 人工哺乳

特殊情况下,母乳不足或其他原因仔猪吃不到母乳,应该采用人工哺乳方法。配方如下:牛乳 1 000 毫升、葡萄糖粉 70 克、1%硫酸亚铁溶液 10～12 毫升、0.01%硫酸铜溶液 10 毫升、0.001%亚硒酸钠溶液 0.6～0.8 毫升,充分混合后备用。饲喂时将若干奶瓶放于架上合适位置固定,让仔猪各自都有一个奶嘴自由吮乳。如果配合将糊状乳猪料抹到仔猪口腔内效果会更好。

五、剪除牙齿

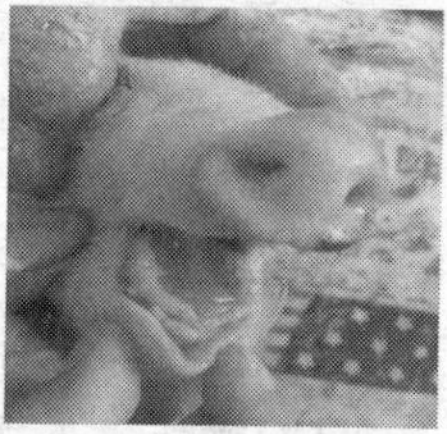

图 6-15　初生仔猪牙齿的形状、位置

1. 掌握仔猪牙齿的形状、位置

初生仔猪在门齿与臼齿间隙处上下各有两对很尖锐的牙齿(图 6-15),特别锐利,在争抢乳头时很容易咬伤母猪乳头(图 6-16),为此养猪生产中常将这

8 颗牙齿剪除。

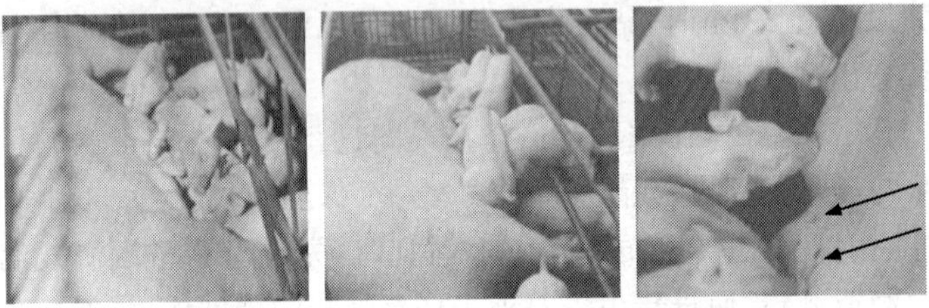

图 6-16　仔猪争抢乳头时咬伤乳房和乳头

2. 准备用具

将剪牙(磨牙)工具(图 6-17)消毒后放于方盘中备用。

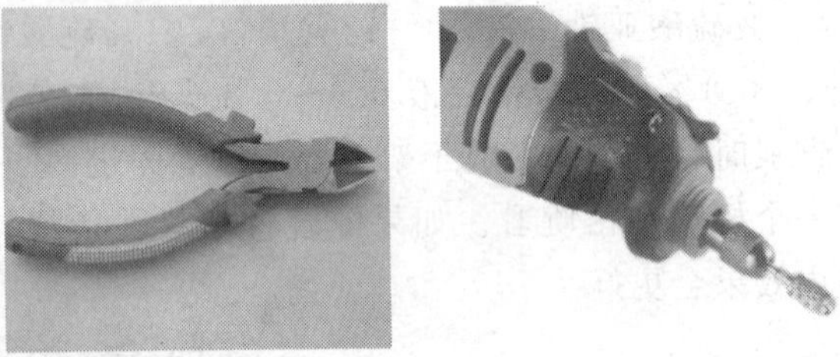

图 6-17　剪牙(磨牙)工具

3. 保定仔猪

(1)助手保定仔猪,使其固定不动,头部朝向操作者。

(2)操作者左手握住仔猪头部向上提起,呈仰脸姿势。拇指在猪口角一侧,另外 4 指在口角另外一侧,两侧手指适度用力打开猪口腔,露出牙齿。

4.去齿操作

(1)操作者右手持专用齿钳,与齿龈平行方向伸入仔猪口腔。

(2)把上下 8 颗尖锐牙齿各剪去 1/2。

(3)修整牙齿断面,使其尽量平整,防止锯齿状。

(4)剪掉(磨平)8 颗牙齿后,用棉签蘸取青霉素粉外敷在牙齿断面上,以防发炎。见图 6-18。

(5)标记记号,放回保温箱,以防再次被抓。

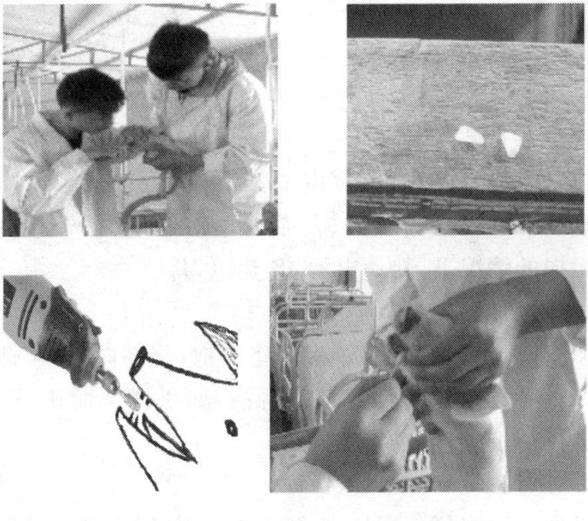

图 6-18　剪齿(磨齿)及青霉素粉外用消炎

5. 注意事项

(1)剪掉的齿要取出口腔外,防止仔猪吞咽。

(2)下颌的齿常被舌边缘覆盖,应避开舌缘再剪,以免剪破舌头。

(3)操作动作要准而快,切勿用力掰、拔,以免损伤齿龈。

(4)断面不能紧贴齿龈,要平齐。如果有条件,可以用电动磨牙工具磨平牙齿断面。

(5)断面往往出血,应该外敷消炎药粉。实践中使用青霉素粉断面外敷,效果很好。

六、断尾

采用切烙断尾法。

1. 准备用具

用具主要是断尾电刀(图 6-19)和消毒棉签。用前检查断尾电刀各部位是否牢固、是否能正常使用、是否清洁。在完好无损的情况下,接通电源,预热电刀。

2. 保定仔猪

抓猪时最好是两手抓,将仔猪横抱,腹部向下,尾侧朝向术者。术者仔细检查尾部是否清洁,如果尾部肮脏不洁,必须先进行清洁处理再断尾。

3. 剪断猪尾

术者左手将仔猪尾拉直,右手持已充分预热的断尾电刀在距尾根 3 厘米处,稍用力,尾巴瞬间被切断,同时烧烙止血(图 6-20 上)。

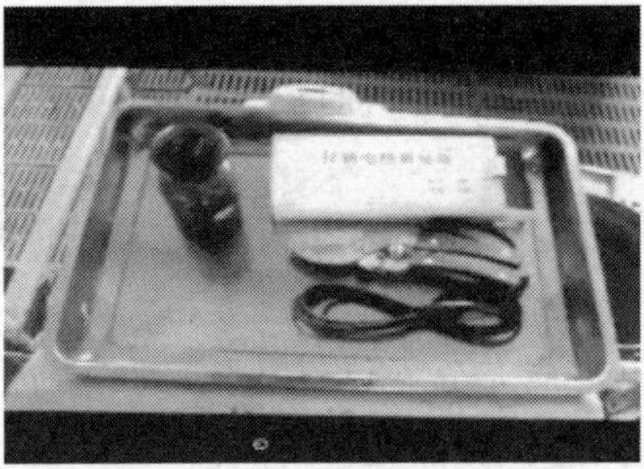

图 6-19　仔猪断尾电刀

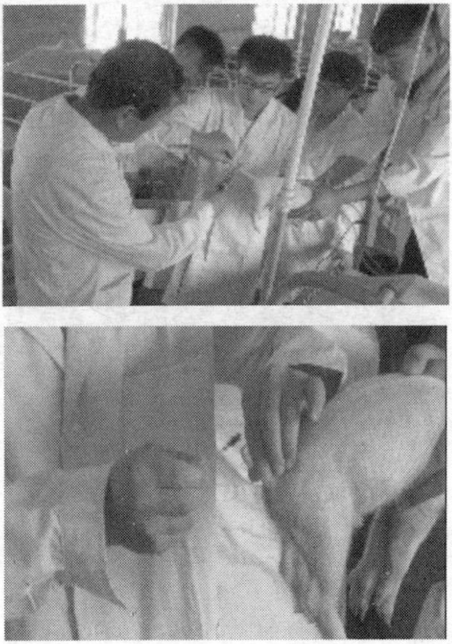

图 6-20　仔猪断尾

4. 消毒

用棉签蘸取碘酊进行断面消毒，见图 6-20 下。

5. 注意事项

(1)仔猪保定必须到位，以利于固定切断部位。一般留下长度不少于尾长的 1/3。

(2)断尾电刀应充分预热，控制一定的温度。

(3)防止意外伤及人、猪。

七、打耳号

1. 准备用具

打耳号的用具主要是耳号钳(图 6-21)，包括号码钳(打耳号牌)、耳缺钳(打耳缘缺口)、圆眼钳(打耳眼)。操作前检查用具是否正常、是否已经清洁消毒，然后摆放在清洁的方盘里备用。

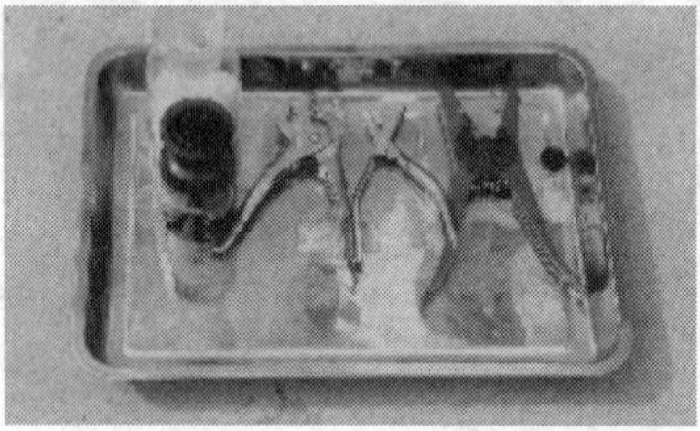

图 6-21　耳号钳

2. 保定仔猪

由助手保定仔猪，耳部朝上，面向术者。

3.打耳号操作(以1588号为例)

本着“左大右小、上1下3”的原则打号。

个位号打法:在右耳上缘打两个缺口,每个缺口代表1;在右耳下缘打两个缺口,每个缺口代表3。1+1=2,3+3=6,2+6=8。

十位号打法:在左耳上缘打两个缺口,每个缺口代表10;在左耳下缘打两个缺口,每个缺口代表30。10+10=20,30+30=60,20+60=80。

百位号打法:在右耳尖部打个缺口代表100,在右耳中心打个圆孔代表400,100+400=500。

千位号打法:在左耳尖部打个缺口代表200,在左耳中心打个圆孔代表800,200+800=1000。

综上所述,8+80+500+1000=1588。(图6-22)

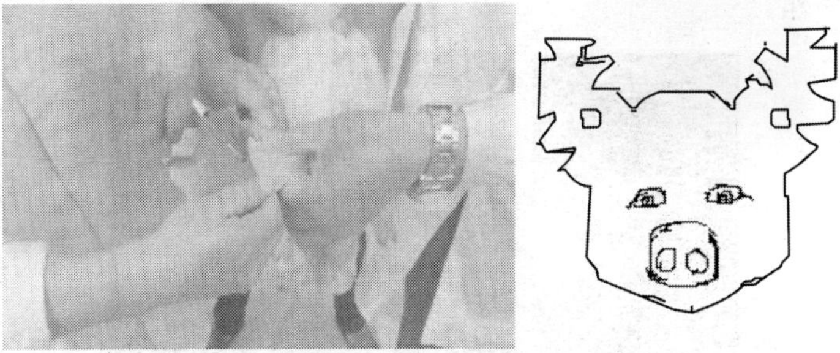

图6-22 打耳号1588号

八、补充矿物质

补充矿物质主要是补铁。因为仔猪生后5天就可能缺铁，继而引起仔猪贫血。

1. 选择铁剂

常用的注射铁剂很多，商品名有多种，如抚顺地区常用的“生血”、“富血针”，阜新地区常用的“铁血龙”等，其有效成分都是右旋糖酐铁（图6-23），规格有50毫克/毫升、100毫克/毫升、150毫克/毫升。集约化猪场及绝大部分散户养猪都选择注射法补铁。在实际操作过程中应选择高浓度铁制剂（含铁量为150毫克/毫升）。如果选择低浓度铁制剂（50～100毫克/毫升规格），则注射剂量大，注射后极易使注射部位肿胀，且吸收不佳，有时候引起局部脓肿、坏死。

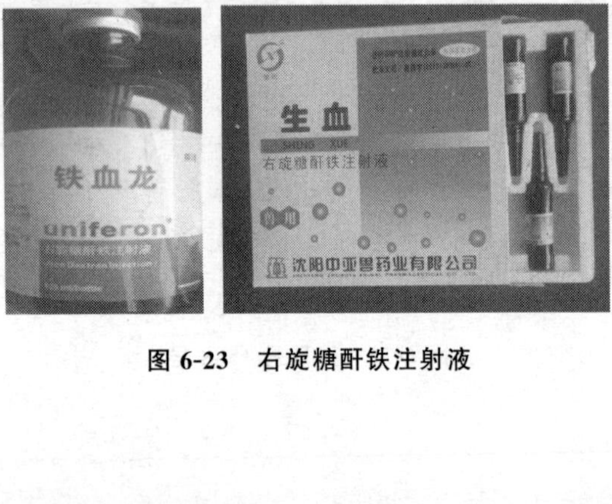

图6-23　右旋糖酐铁注射液

2. 准备用具

注射用具主要是 2 毫升一次性注射器，每猪一支，另备消毒棉球，放于洁净的方盘中备用。

3. 操作方法

对出生 3 天的仔猪，每头颈部（也可以在臀部肌肉丰厚的部位）注射 100～150 毫克的铁剂（图 6-24），避免现场嘈杂，防止人员急速走动，减少应激反应。补铁后两周内，若仍有贫血现象，应再补充 50～100 毫克。注射补铁效果确实，对任何猪场都适用，是目前养猪应用最广的补铁方法。

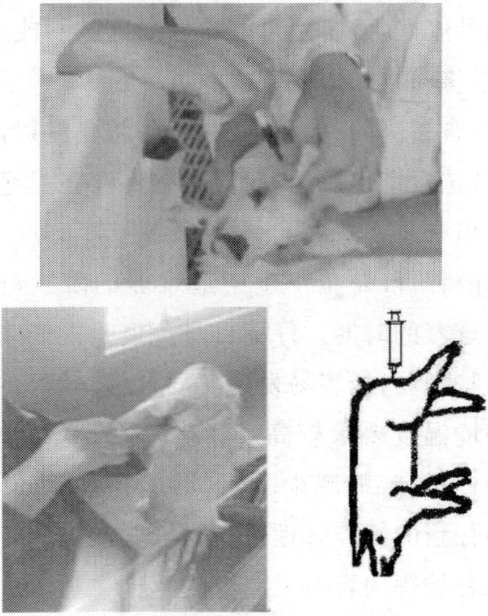

图 6-24　肌肉注射补铁

4. 注意事项

(1)剂量不能过大,新生仔猪补铁剂量掌握在 100～150 毫克,量小不能满足机体需求,量大则易产生较强的毒副作用。超剂量注射铁制剂会引起仔猪急性中毒,轻者临床表现为腹泻、呕吐,重者休克或死亡。曾有人给新生仔猪补铁,注射“右旋糖酐铁注射液”,刚刚注射完毕,人还没有撤离,11 头仔猪全部死亡,前后不超过 5 分钟,其原因就是剂量过大。

(2)注射时一定要选择肌肉丰厚的部位,采取深部肌肉注射。否则肿胀严重,个别可能导致局部脓肿或坏死。

(3)切忌将药物注入血管内。

(4)选择含量高的、体积小的铁剂,防止注射剂量过大。

(5)尽量选近期出厂的,药液必须保存在棕色瓶中,防止铁离子分离出来。

小结:仔猪阶段是猪一生中最难养的阶段,而初生期是仔猪阶段最难养的时期。仔猪自身免疫机能尚未形成,对疾病抵抗能力特别弱,极容易发生疾病,需要较好的培育条件,特别是对环境温度要求较高。仔猪阶段养育良好就会使后续工作顺利进行,疾病减少、增重迅速。本部分内容重点叙述了初生期仔猪的饲养管理,包括早吃初乳、固定乳头、保温防压、去齿、补铁等内容。

第二节　顺利度过“下痢关”

仔猪下痢(图 6-25)是最常见的疾病,也是危害最大的疾病之一,是引起仔猪死亡的主要原因。包括黄痢、白痢、红痢,仔猪下痢的发病率一般在 30%左右,死亡率 10%左右。严重时,发病率及死亡率都可以达到 100%。

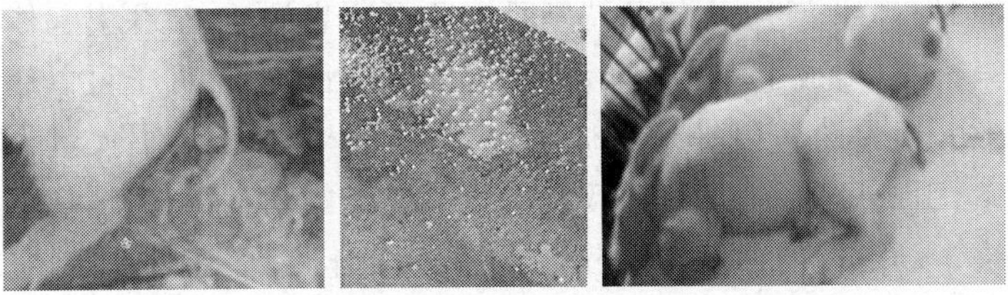

图 6-25　仔猪下痢

仔猪黄痢是由致病性大肠杆菌引起的急性传染病,病猪剧烈水泻、迅速死亡。3 日龄内仔猪多发。

仔猪白痢是由大肠杆菌引起的 10～20 日龄仔猪的传染病,临床以排白色稀便为特点,可引起全窝发病。

仔猪红痢是由 C 型产气荚膜梭菌引起的肠毒血症,特征是排血色稀便,肠坏死,生后数小时至 1 周内发病,以 1～3 日龄居多。病程短,死亡率高。

我们要通过合理“预防”确保仔猪腹泻发生率控制在最低水平;通过及时合理的“治疗”,提高治愈率,达到最高的成活率。

一、仔猪下痢的原因

1. 母乳引起的仔猪下痢

(1)火奶　母猪因为各种生理的不适或病理的原因(如母猪子宫炎、乳房炎等),导致乳中出现不良因子。仔猪吃了带有炎性成分的乳后,往往引起胃肠消化紊乱,导致下痢。这样的奶我们称为“火奶”。在母猪更换环境、更换饲料、患病时,都能产生“火奶”,特别是哺乳母猪患病后,往往引起体温升高,造成生理代谢紊乱,引起乳汁变性,异常因子可以使致病性大肠杆菌等病原微生物乘虚而入,在肠道中大量繁殖,引起肠道黏膜炎症,致使仔猪对奶不能正常消化,出现下痢。肠道内的毒素被吸收,也可以引起仔猪吮乳后呕吐,空肠分泌大量黏液,造成仔猪脱水。该病以生后 1 周内发病最多,严重时死亡率可达 70%以上。

(2)奶量不足　生产中,无论是集约化猪场还是农户少量饲养的母猪,泌乳不足经常可见,原因很多,包括疾病因素、管理因素、饲料因素、乳腺自身因素、体况因素等。仔猪吃不饱,抵抗力差,另外由于饥饿误食其他东西充饥,结果导致腹泻。

2. 环境引起的仔猪下痢

(1)环境不洁　肮脏不洁的环境病原微生物繁多,感染机会大,新生仔猪抵抗能力差,腹泻增加。

(2)温度低　在低温环境下,仔猪体能主要用于御寒,降低抵抗力,导致寒泻。如果直接趴在没有加温的水泥地面上更易使仔猪腹部受凉，诱发胃肠道蠕动加快以至痉挛，引起腹泻。有一猪场，产舍内一侧电源故障，一夜过后 8 个保温箱内温度急剧下降，其中的仔猪大部分出现腹泻，而同一舍内另一侧供电正常的 12 窝仔猪，没有一头腹泻。

(3)湿度大　仔猪最佳湿度为 60%～65%，若防寒、保温措施不利，舍内温度低、湿度大就会引起仔猪腹泻。湿度大时仔猪腹泻发生率可以达到 100%。抚顺开发区一农户冬季大棚养仔猪，因为塑料透气性不良，棚内湿度极大，水泥地面遍地是水，所养的 160 头仔猪全部发生腹泻。经过调整，清除积水，适时放出潮气，铺以干燥垫草，保持棚内干燥，阳光充足，结果腹泻病例逐渐减少，最后降至 5%以内。

高温、湿度大时利于球虫、细菌繁殖，增加感染机会。

(4)阴暗无光　阳光充足的猪舍，仔猪发生腹泻的概率就低，而阴暗多伴有阴冷潮湿，腹泻发病率就很高。抚顺市瑞丰饲料厂设计的阳光猪舍宽敞明亮，温湿度适宜，母猪乳房炎发病率低，仔猪腹泻少，生长速度快，成活率高达 95%以上，深受欢迎。

(5)贼风　初生期仔猪最怕贼风(图 6-26)，如果贼风直接吹到仔猪身体上，那么仔猪一定会受凉降低抵抗力，导致多种疾病发生，其中最容易诱发的疾病就是腹泻。

3. 微生物引起的仔猪下痢

(1)细菌感染　大肠杆菌、魏氏梭菌等都能引起仔猪下痢，如仔猪黄痢、仔猪白痢、仔猪红痢等。新生仔猪常以大肠杆菌感染为主。

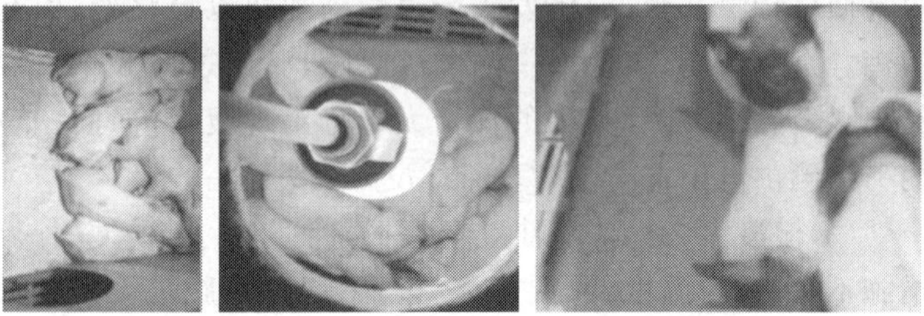

图 6-26　保温箱中仔猪因冷风吹入而远离门口

仔猪黄痢：是由致病性大肠杆菌引起的初生仔猪的一种急性、致死性传染病。以 1～3 日龄最为多见，又叫早发性大肠杆菌病。主要症状以排出黄色稀粪和急性死亡为特征。粪便内含凝乳小片，排粪失禁，脱水消瘦，如果治疗失宜，多衰竭死亡。剖检有肠炎和败血症变化。日龄越小，症状越严重，发展越迅速，死亡率越高。

仔猪白痢：主要感染 7～30 日龄的仔猪，又称迟发性大肠杆菌病，临床上以排出灰白色、糊状、有腥臭味黏稠稀粪为特征，剖检主要为肠炎变化。

仔猪红痢：又称魏氏梭菌性肠炎或仔猪传染性坏死性肠炎，多发于 1～3 日龄仔猪，发病急剧，病程短促，排出浅红色或红褐色稀粪，常见稀便中含灰色坏死组织碎片，死亡率高，大多于 3 天内死亡，剖检病变主要为肠黏膜充血、出血、易脱落，肠系膜充血，淋巴结肿胀。

(2)病毒感染　猪轮状病毒、传染性胃肠炎病毒、口蹄疫病毒、伪狂犬病毒等都能引起仔猪下痢。某猪场春季新生 58

窝仔猪全部下痢，在两处知名兽医科研部门分别检出类冠状病毒和轮状病毒。

(3)寄生虫感染　以球虫感染居多，其次是蛔虫感染。蛔虫感染一般呈慢性经过，有的便秘和下痢交替出现。球虫感染相对较重，2～3 周龄仔猪均易感染，临床症状为排出黄褐色、红褐色或灰色糊状粪便，2～3 天后变成水样稀便，并很快脱水死亡。

4. 低血糖性下痢

母猪妊娠期营养不良、疾病等因素致使仔猪在母猪体内生长发育不良，先天不足，体内贮存的糖原缺乏，生后糖代谢减弱，继而出现低血糖症状。母猪无乳或者泌乳量不足，乳汁质量差，也能引起仔猪低血糖。仔猪低血糖时可出现精神沉郁、颤抖、水样腹泻，严重的由虚弱发展到低温、昏迷或其他神经症状。

5. 缺铁性下痢

缺铁引起仔猪贫血，抵抗力下降，继而引起仔猪下痢。

6. 食物性应激导致下痢

1 月龄以内的仔猪其消化功能还不健全，消化酶活性较低。如果过早断奶，完全靠采食饲料为生，并且饲料中植物性蛋白比例较大，仔猪胃肠不适应，往往出现饲料性应激反应，仔猪胃肠消化不良、功能紊乱而诱发腹泻。肠道里的致病性大肠杆菌便会大量繁殖并产生毒素，加剧腹泻发生。

7. 仔猪误饮脏水导致下痢

环境温度高时，只靠吃奶不能满足仔猪体内水分的需要。当仔猪采食植物性饲料后，增加了对水的依赖。生产中必须饮入饲料量3～5倍或以上的水才能保证正常的生理代谢，如果此时供水不足，就会导致仔猪误饮污水，引起细菌感染发生下痢。

二、仔猪下痢的预防措施

1. 加强妊娠母猪保健饲养

(1)科学饲养妊娠母猪　受"低妊娠高泌乳"的影响，多年来养猪户都是重视哺乳母猪的饲养而轻视妊娠母猪饲养，农村有的散户饲养妊娠母猪的饲料只是稻糠＋玉米面，没有认识到妊娠母猪饲养好坏与仔猪生长发育和健康程度有着直接关系。实践证明，凡是加强妊娠母猪饲养管理的猪场，多能得到健壮仔猪。这已经在抚顺连生牧业有限公司得到了验证。养猪专家于连生老先生在40多年的养猪生涯中，摸索出了一套实用的养猪经验。他科学饲养妊娠母猪，在限饲的前提下，保证母猪八成膘情。具体做法是在母猪配种前实行高能饲养，保证良好膘情。配种后立即减料，每头每日仅供料1.8千克(按胎次和体重适当增减)。待下一情期不再出现发情现象，就初步认定是已经妊娠。此时增加饲喂量至每头每日2千克，妊娠80天后，饲喂量增加到每头每日2.5千克，100天后由妊娠料改为哺乳料，并增加到3.0千克。在母猪产前3天逐渐减料10％～30％，防止难产。

整个妊娠期都采用不同程度的限饲,这样既降低了饲养成本,又有利于母猪产仔多,还能保证仔猪初生重都在1.5千克左右,死胎、弱胎特别少,仔猪健壮,生长速度快,成活率在95%以上,70日龄体重都能在30千克以上。目前,使用“仔多多”对妊娠母猪保健饲养正在逐步被养猪户认可。

(2)做好妊娠后期母猪免疫 实践证明,在母猪妊娠最后一个月,给母猪注射疫苗防止仔猪下痢效果较好。

2.加强哺乳母猪保健饲养

(1)合理搭配饲料 哺乳母猪的日粮构成有别于其他阶段。乳中的成分都从饲料而来,5周泌乳量可以高达350千克以上,无论从质和量方面,对饲料都是绝对的依赖。在充分满足能量的基础上(饲料本身能量不足时必须加油脂提高能量浓度),要保证日粮粗蛋白的含量不低于18%,矿物质和维生素的需要也要比妊娠期有所提高。如果有条件,应该给母猪多喂青饲料。这样可以保证母猪泌乳量增加,乳质提高。

配制哺乳母猪日粮一要保证营养全价,二要保证容易消化。最好有一定量的青绿饲料。仔猪数量较多时可以给予母猪一定量的肉汤、鱼汤等。

(2)合理饲喂哺乳母猪 科学做法是分娩当日先给软的容易消化的饲料,如麸皮玉米面粥料,内加食盐、维生素。环境温度过高或过低以及母猪体质虚弱时,应加入适量红糖、益母膏,以促进母猪产后体质的恢复。次日转为正常饲料。在基础料2千克(维持需要)的基础上视仔猪数量决定泌乳供料量(生产需要),泌乳需要饲料量按每头仔猪0.25千克计算。如 10 头仔猪哺乳，母猪日采食饲料总量是 4.5 千克。饲喂时防止母猪突然暴饮暴食。特别是产后当日，母猪腹腔空隙增大，饥饿感增强，食欲大增。应该加以控制，否则很可能采食过多，造成消化不良。在泌乳期给予优质青绿饲料有利于泌乳。

(3)做好母猪保健工作　做好环境指标控制，保证清洁，避免环境不良导致母猪乳房感染，引起仔猪腹泻。及时清除粪便，保持圈舍卫生干燥，母猪产前 7 天进入打扫干净的产圈，用农福消毒剂进行全面消毒。如果是散养户，地面产仔，可以铺上干净干燥的垫草，并保持环境温暖舒适。

怀孕期母猪可以试用“母猪乐”。据介绍，不但可以达到“产仔多、奶水好”的目的，而且可以“提高母猪非特异性免疫力”。也可以在产前产后适当喂给益母草膏，加速产后子宫复旧。生产中饲喂富含硒的饲料，对繁殖有益。

产后母猪子宫内输入“宫得康”预防子宫炎效果较好，也可以注射“产后康”、“产后安”、“产后安康”(图 6-27)等。“母猪三宝(仔多多、肠生源、健力源)”也受到养猪户欢迎。

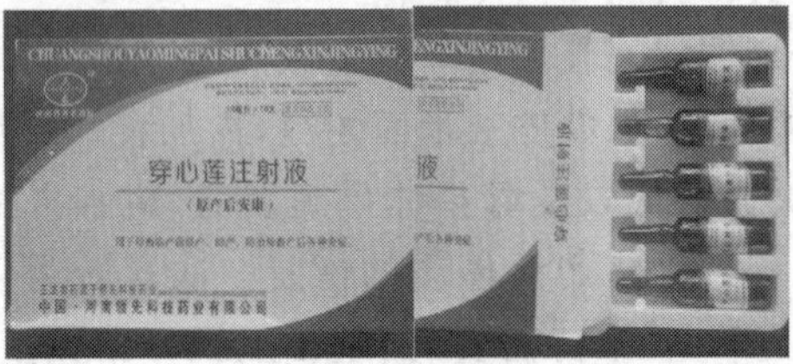

图 6-27　产后安康注射液

3.加强仔猪保健饲养

(1)早吃初乳、吃足初乳,适时补料 生后2小时内吃到初乳,及早从初乳中得到抗体,提高机体对疾病的免疫力。保证每个仔猪都能吃到、吃足初乳。从7～10日龄开始补料,保证饲料的全价性和易消化性。

(2)做好保温工作 要求最初温度不低于35℃,最好应用保温箱,防止体热不必要的散失,维持血糖不降低,保证机体有着较强的抵抗力。

(3)补充矿物质 仔猪最容易缺铁、硒,可以在3～4日龄通过注射方式补充,防止缺铁缺硒造成腹泻。

(4)药物预防 新生仔猪吃初乳前肌肉注射庆大霉素3万～4万单位或在吃到初乳后24小时内,每头灌服8万单位,对仔猪各类腹泻可起到一定的预防效果。也可灌服硫酸链霉素10万单位,或用恩诺沙星内服。

用有益菌制剂如乳酶生等内服,对下痢有一定的预防效果。

(5)加强疫苗免疫 仔猪采用流行性腹泻-传染性胃肠炎二联苗,进行后海穴注射,效果较好。

三、仔猪下痢的治疗措施

1.细菌性腹泻的治疗措施

通过药敏试验或根据本地猪病流行情况,选择相应的抗菌药物。仔猪下痢如果早期进行治疗,治愈率较高,如果治疗太晚，仔猪就会死于脱水和继发感染。

(1)内服　氟哌酸、磺胺脒片、庆大霉素等。治疗肠炎应该以内服药物为主(图 6-28)。

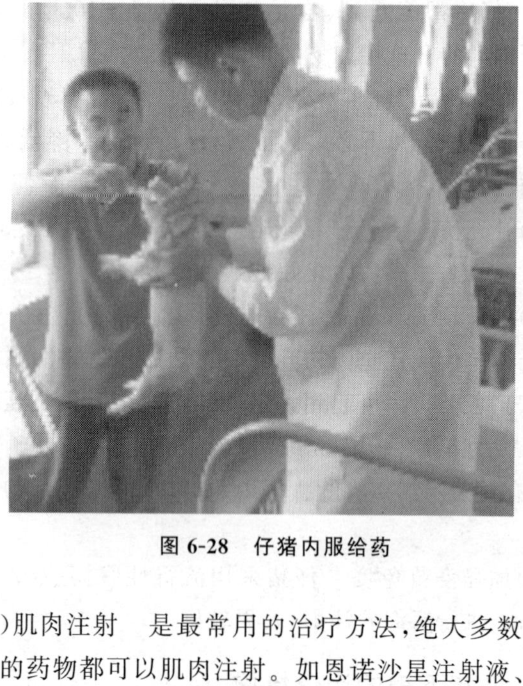

图 6-28　仔猪内服给药

(2)肌肉注射　是最常用的治疗方法，绝大多数治疗肠道炎症的药物都可以肌肉注射。如恩诺沙星注射液、庆大霉素注射液、硫酸小檗碱注射液、氟苯尼考注射液、乙酰甲喹注射液等(图 6-29)。

(3)静脉注射　强心补液、缓解酸中毒、消除炎症往往用静脉注射方法(图 6-30 上)。脱水时，可用复方氯化钠注射

图 6-29　几种治疗仔猪下痢的注射剂

液和葡萄糖氯化钠注射液;心衰时,可以用樟脑磺酸钠注射液;伴随酸中毒时,用碳酸氢钠注射液。

(4)腹腔注射　在静脉注射困难、有脱水现象、肠道有炎症时,可以采取腹腔注射的方法(图 6-30 中)。但是要求药液温度与体腔温度接近，没有刺激性；溶液最好是等渗液。

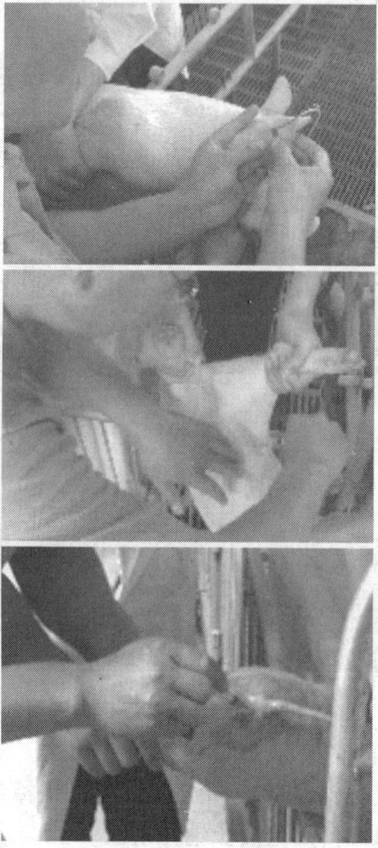

图 6-30　猪不同部位注射
（上:耳静脉注射，中:腹腔注射，下:后海穴注射）

(5)后海穴注射　注射庆大霉素以及大蒜汁液等都有一定疗效(图 6-30 下)。

(6)外用透皮剂　用"杀痢王"外用溶液制剂进行仔猪颈背部涂抹(图 6-31)。

图 6-31　外用"杀痢王"

2. 病毒感染及球虫感染时的治疗措施

病毒感染可以用"病毒专家注射液"配合"黄芪多糖注射液"治疗。球虫感染时,可以用"地克珠利溶液"内服。

3. 消化不良性腹泻的治疗措施

试用"乳酶生"或"多酶片"内服。必要时喂服酸奶,调节肠道菌群。也可以在饲料中加入毒素吸附剂(如土耳其罗达明)吸附肠道内毒素。

如果是环境性因素造成仔猪腹泻,可以改善环境而不必用药治疗。

特殊说明:对极特殊的病例,视具体情况可以放弃治疗:①传染性强,危害大的病猪不治。②无法治愈的病猪不治。

③治愈后经济价值不高的病猪不治。④治疗费用高的病猪不治。⑤疗程特别长的不治。

小结:仔猪下痢是猪常见病和多发病,如果管理不善,可能导致发病率达到100%,在治疗失宜情况下,死亡率可以达到60%以上。该病的发病原因很多,包括营养性、环境性、微生物性等。要针对仔猪腹泻发生的原因,做好合理的预防,科学的饲养管理,任何情况下都应该给予温暖舒适的环境。

第三节　顺利度过"补料关"

一、乳猪料的质量要求

1.容易消化

仔猪消化能力弱,对食物适应性很差。当饲料中植物性蛋白质比例大时,就容易消化不良。乳猪料要特别容易消化,其中植物性蛋白质含量不能过多。饲料中可以添加1%的酸化剂,如柠檬酸等,可提高胃蛋白酶活性,提高蛋白质消化率。也可以加入适量复合酶(如多酶片)帮助消化。使用一定量的优质膨化大豆粉可以防止豆粕中的某些抑制因子诱发仔猪下痢。

2.营养全价

仔猪生长速度很快,1月龄体重可以增加到初生重的

5～6 倍或更多。抚顺宏业牧业有限公司的个别仔猪 28 日龄体重可达 13.0 千克，抚顺连生牧业有限公司的仔猪 70 日龄体重达到 35 千克。仔猪旺盛的代谢对营养需要量特别大，必须提供全价饲料才能满足其快速生长的需要。

3. 具有保健作用

饲料要柔细适口，具有保健作用。可以在饲料中拌些小苏打粉和肠安康粉（主要成分：白头翁、黄连、黄柏等），这样既可预防猪只的胃肠疾病，又可促进仔猪生长发育。此外，可以在饮水中添加维生素和葡萄糖粉，效果更好。（图 6-32）

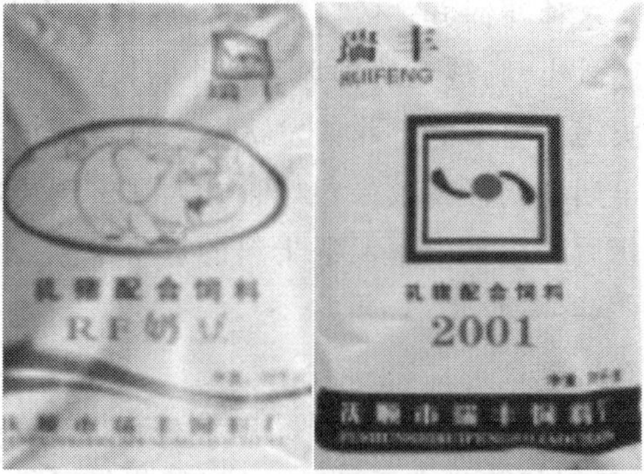

图 6-32 乳猪料

二、补饲方法

一般从 7 日龄开始诱食新鲜带有乳香味的饲料，一直饲喂到断奶后 1 周（35～42 日龄），然后用 7 天的时间逐渐更换到仔猪料。

1. 选择合适的料型

目前养猪使用的饲料都是向着全价饲料发展，自配料已经很少见。

（1）使用颗粒料　颗粒料是饲料厂按照合理的配方将若干种饲料原料及合法的添加剂均匀混合后制成的颗粒状饲料，营养全价、使用方便、适口性好、利用率高、保质期长。规模化猪场和绝大部分农户采用颗粒料给仔猪补饲。

（2）使用糊状料　是将粉状饲料加 3 倍以上水搅拌成糊状的饲料。这种补饲方式适口性较好，仔猪采食量大，对肠道的机械刺激小，肠绒毛的损坏程度小，易于营养物质的消化、吸收，腹泻发生率低。养猪发达国家丹麦用糊状料做代乳料饲养早期断奶仔猪效果很好。有人证实用糊状料饲喂的仔猪断奶后腹泻发生率比喂干料的有所下降。但是糊状料使用不便，容易酸败。

2. 补饲方法

（1）补饲颗粒料　将少量乳猪颗粒料直接撒在仔猪料槽中，将料槽置于仔猪经常活动的位置，仔猪靠灵敏的嗅觉和好奇心寻食饲料。补饲颗粒料是当代养猪的主要方法，仔猪生长迅速，方便使用，卫生，不易酸败，饲槽不必经常刷洗。但是每次投放的数量要适宜，宁少勿多（图 6-33）。

（2）补饲糊状料（流质饲料）　将优质料加水做成糊状，涂抹在母猪乳头上让仔猪吃奶时吃到饲料，也可以直接抹入

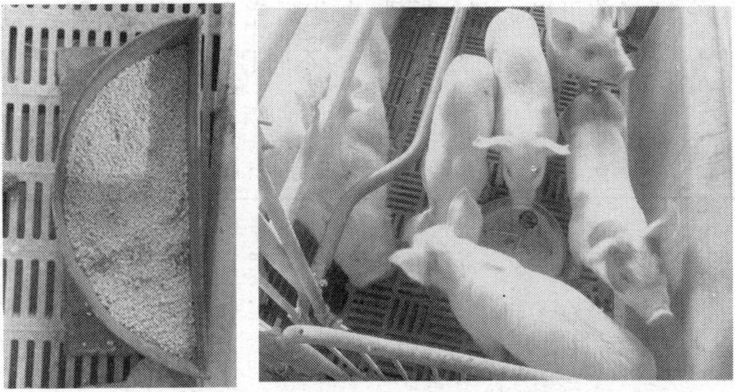

图 6-33 料槽及其放置位置

仔猪口腔,令其品尝饲料的味道,几次后便逐渐对饲料产生好感。当其对饲料产生采食的欲望时,就可以把料置于料槽中,达到补饲的目的。

补饲糊状料虽然可以减少仔猪断奶后腹泻发生率,但是这种方法会造成猪体不洁,夏季会遭苍蝇侵袭,另外极易酸败,使用不便,需要经常性刷洗饲槽,同时消耗大量的人工,不适合集约化生产场,只适合散户养猪使用。

3.补饲次数与喂量

(1)饲喂次数 每天饲喂 5~6 次,其中包括一顿夜饲,或采取自由采食的办法,利于促进仔猪发育。待仔猪学会采食饲料后,每天可以给料 4 次。饲料要新鲜适口,决不能有霉变。

(2)不同日龄仔猪补料量 仔猪饲料采食量在断奶前后

不同,断奶前可以吃部分母乳,断奶后完全靠采食饲料,因此在断奶后采食量会有明显提高。不同日龄仔猪补料量见表6-3。

表 6-3　不同日龄仔猪补料量

日龄	补料量/(克/天)
6～10	20～30
11～15	30～50
16～20	50～90
21～25	90～140
26～30	140～200
31～35	200～300

4. 供应饮水

一般吃料1千克至少需要饮水3千克以上。天气炎热或活动增加时,饮水量增加。曾观察到,断奶仔猪在分圈后的1小时里,对料槽里饲料不理不睬,而是争抢喝水。

(1)选择水源　水源通常有地面水、地下水、公共自来水。地面水污染较大,尽量不用。地下水即井水,一般来说较洁净,污染少。自来水是最提倡的,随时可以取用,同时有一定压力,不但适合饲养用水,也适合简单的冲洗圈舍使用。

(2)选择饮水器具

①水槽　材质有石质、金属、塑料、玻璃钢等。有的猪场是采食、饮水共用一个槽,难以保证卫生。

②自动饮水器　有以下几种：

鸭嘴式：材质有铁、铜、不锈钢等。饮水方便，但有时候容易刮伤猪。

圆头式：材质有铁、铜、不锈钢等。饮水方便，不容易刮伤猪。见图 6-34。

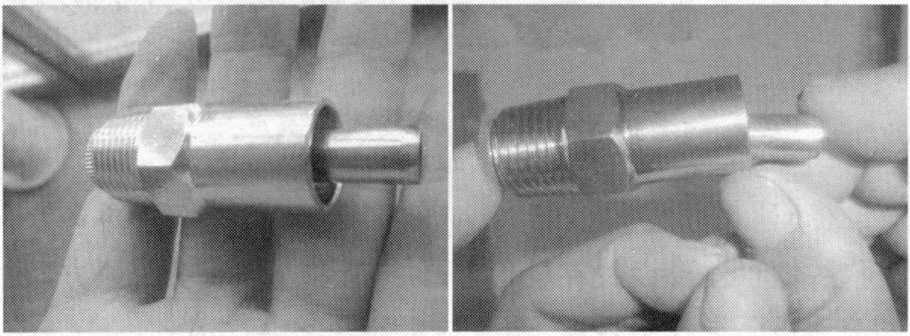

图 6-34　自动饮水器

碗式：材质有金属、塑料等，饮水方便，饮水时间短，但是难以保持卫生。

连体式：有些自动金属料槽在采食槽旁边设自动水槽，猪可以一边吃料一边饮水，特别方便，但是最难保持卫生，部分猪场已经将其废弃，另外安装饮水器。

③设计水压　如果是用自动饮水器，水的压力有一定要求。鸭嘴式猪用自动饮水器，一般有大小两种规格，小型的流量 2～3 升/分钟，大型的流量 3～4 升/分钟，规格选取按猪大小而定。仔猪饮水器高度以 20～30 厘米为宜（图 6-35）。

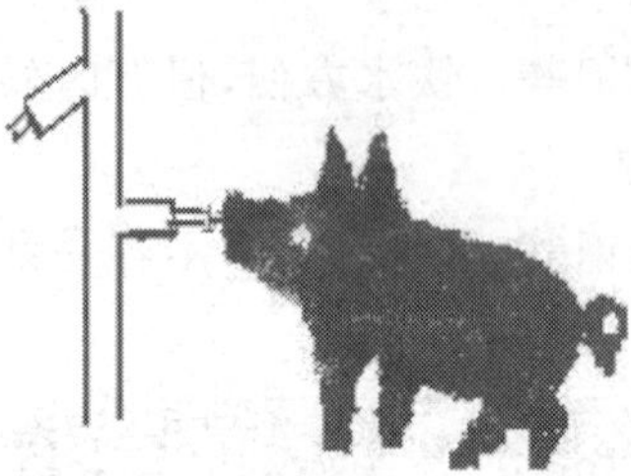

图 6-35　自动饮水器的适宜高度

(3)补水方法　一般 3～5 日龄的仔猪就要开始补水。仔猪的饮水器要设置在较低、显眼、仔猪频繁活动的地方,还要人为地引导仔猪接触、辨认饮水器并学会饮水。

小结:仔猪补料是补充营养的唯一来源。通过补料,满足猪的营养需要,使其按照人们的需要健康生长,提早出栏。本节重点讲述了仔猪补料技术。除了补料方法外,对料型的选择也很重要,因为不同的料型对仔猪腹泻发生率具有不同的影响,直接关系到仔猪的健康和生长发育速度。

第四节　仔猪去势

仔猪的性腺随着身体的生长发育不断增大和成熟,在达到生理成熟后就可以排出成熟生殖细胞,出现一系列性的表现,影响采食和生长。适时通过手术方法去掉性腺,就可以使猪快速生长。

一、小公猪的去势

1. 用具准备

传统的去势刀具是桃形刀，也可以用笔式去势器，有人制作的竹刀也特别实用。去势用刀具见图 6-36。

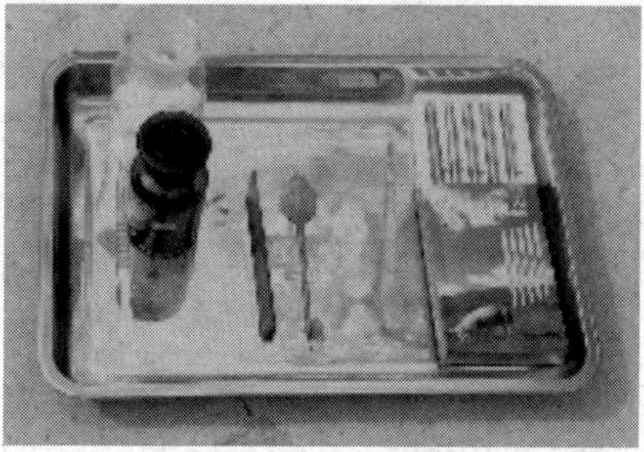

图 6-36　去势用刀具

2. 猪的准备

准备去势的猪，应该健康无病，精神状态良好，活泼好动，争抢采食，二便正常。小公猪以 10～15 日龄为宜。术前应该禁食 12 小时以上。

从圈里抓猪时，最好是双手抱猪。方法是左右手分别抓住仔猪的左右前肢前臂部，猪背部朝向人的胸腹部。或者一手抓住仔猪两后肢，另一手转到仔猪胸下，用力抱起仔猪。极特殊情况下，也可以双手倒提两后肢，但是禁止提起一前肢。

3. 猪体保定

术者右手握住猪的右后肢，左手抓住右侧膝前皱襞，使其左侧横卧保定在地面上，背向术者，头向术者左侧，尾向术者右侧。术者以左脚踩住猪颈部侧面和背侧面，右脚踩住尾巴进行保定（如果没有尾巴或尾巴过短，应该由助手协助保定）。用左手掌小指侧挤压小公猪右后肢使其向头侧伸直，将阴囊充分暴露，便于施术。

4. 固定睾丸

睾丸局部处理洁净后，用5%碘酊将术部消毒。以左手的拇指食指将睾丸固定，中指无名指小指等抵住睾丸下方防止其滑脱。

5. 确定切口

切口最好在睾丸中缝附近，与其平行，稍偏下为好(图6-37)。

6. 切开阴囊

术者右手持刀，于下侧睾丸处与阴囊缝平行切开阴囊壁，直达睾丸固有鞘膜。

7. 挤出睾丸及精索

用左手将睾丸及精索从切口挤出阴囊外，并用右手固定。

8. 断精索

在左手配合下，右手撕断白筋膜，接着用拇指与食指将精索掐断（也可以在捻转精索

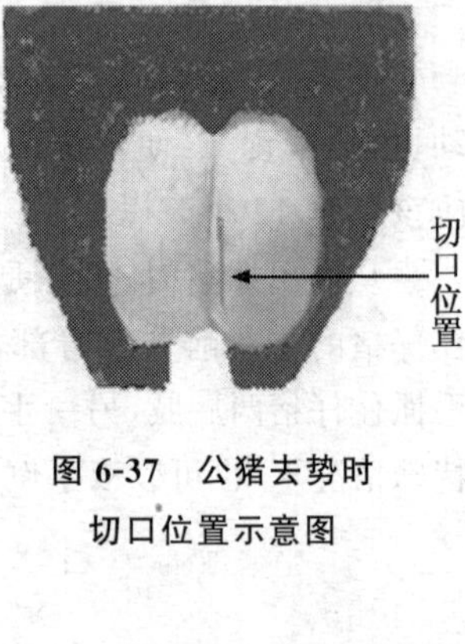

图6-37 公猪去势时切口位置示意图

后用刀上下钝性刮断精索)。

9. 摘除睾丸

在断精索后摘除睾丸(图 6-38)。

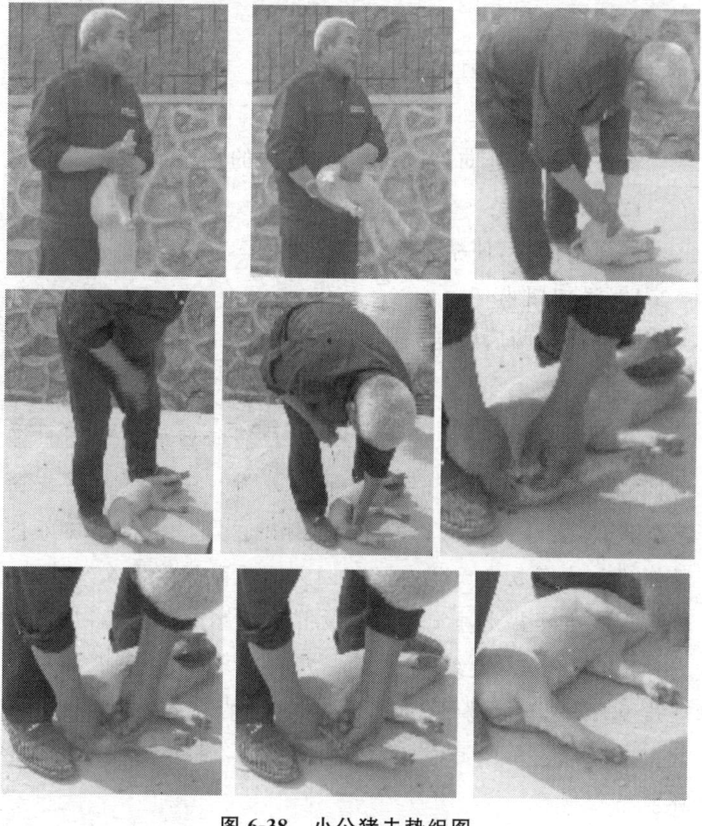

图 6-38 小公猪去势组图

用左手拇指、中指、食指固定另一侧睾丸，从先前切口入刀经阴囊纵隔作一切口，挤出另侧睾丸，再用同样的方法摘除。

10. 消毒

用碘酒消毒切口，不必缝合。

11. 排尿

将仔猪包皮处向外撸，排除包皮内的积液。

12. 倒提仔猪

将仔猪倒提，使精索断端完全缩回。

13. 送回圈内

倒提仔猪两后肢送回圈内。

【突发事件的处理】

小公猪去势后，在奔跑时，个别猪肠管顺着阴囊切口涌出，瞬间出来很长一段，拖在地面。此时应采取紧急措施固定小猪，防止继续奔跑，并将仔猪倒提保定。将涌出体外的肠管放入洁净方盘或盆中，用0.1%高锰酸钾溶液反复冲洗，然后再用生理盐水冲洗。如果肠管出现穿透性刮伤，应立即进行缝合(第一层连续缝合，第二层内翻缝合)。待浆膜层处理洁净后，外用青霉素粉针剂，最后还纳肠管，结扎腹股沟管，缝合阴囊，局部消毒。注射头孢制剂，连续3～5天，安静环境精心饲养。

【新技术介绍:新式公猪去势法——无血去势术】

适合两周龄内的小公猪。用10%氯化钠注射液加入1%甲醛溶液,均匀混合后,在猪的每个睾丸中注射2～3毫升,或注射5%氯化钙注射液2毫升,经过一段时间后,睾丸就会自然萎缩。

二、小母猪的去势

1. 小母猪的保定

助手用双手倒提仔猪两条后腿,或双手抱住仔猪。术者以左手接过仔猪左后肢倒提,右手握住左侧膝前皱襞,使猪右侧横卧在地。术者立即用右脚踩住其颈侧部和颈部背侧,使其头部不能活动。左手将其左后肢向后拉直,与腹线成为一条直线。左脚踩住其左后肢跖部,使其后躯转为半仰卧位。露出腹部。

2. 切口定位

倒数第二乳头偏外侧2厘米处,同时参照猪的体况、饱食程度确定,“饥前饱后、肥内瘦外”。

3. 去势操作

局部消毒后,左手虎口抵在仔猪背侧腰荐部,拇指以外的四指在仔猪的右侧,中指抵在右侧髋结节部位,拇指按在左列倒数第二乳头外侧距离乳头2～3厘米处,向对侧髋结节方向用力按压,以致能触及到对侧髋结节。以桃形刀(也可以用笔式去势器)沿着拇指按压的前缘切开皮肤,切口长

1～1.5 厘米，继续切开腹壁肌，但最好不要一次性连同腹膜一并切开。以桃形刀柄的尾部捅漏腹膜（也可以用笔式去势器的弧形刀刃切开腹膜或自制竹刀切开腹膜），此时左手拇指用力向对侧髋结节方向按压，如果位置正确，在腹水流出同时，会看到输卵管一并出现。

如果输卵管没有自切口涌出，可以用右手将桃形刀刀柄或笔式去势器的钩柄在腹腔内轻轻做弧形滑动（也可用竹筒去势器），在猪挣扎嚎叫时，腹压增大，子宫角和卵巢可能顺势挤出体外。用左手拉住挤出来的输卵管、卵巢、子宫等，并使劲向下压腹壁，右手小心继续向外牵拉输卵管，直至两侧卵巢、输卵管及子宫都固定在手里，然后用手使劲撕断韧带（适合 5 千克以内的小猪）或用手术刀摘除子宫、输卵管与卵巢（适合 10 千克以上的猪）。用手检查肠管等是否完全回到腹腔，最后切口用碘酒消毒。必要时切口处缝合 1～2 针（图 6-39）。

三、仔猪去势后的护理

（1）保持圈内清洁干燥，空气清新、流通良好，防止破伤风梭菌等细菌感染。

（2）温度适宜，防止仔猪受凉腹泻。

（3）加强营养，提高免疫力，防止术部污染，加快伤口愈合，必要时每天局部外用碘酊。

（4）禁止剧烈活动，防止腹压过大。

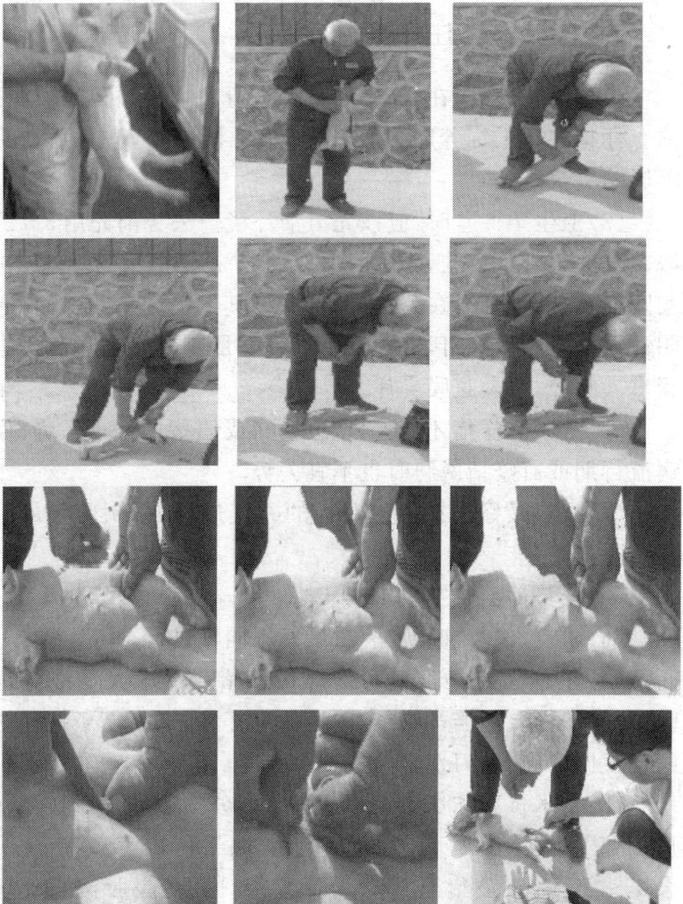

图 6-39　母猪小挑花去势组图

四、仔猪去势注意事项

(1)母猪去势应在25～35日龄进行,小公猪可以适当提前。仔猪在床上饲养时去势较好,感染概率小,去势后几乎不影响生长。

(2)卫生条件差时,应该先清洁环境。去势前先用5%的浓碘酊消毒术野皮肤,术后刀口部位再涂碘酊,以防止感染。实践中发现,部分人在公猪去势后,将其倒提起来,自切口向阴囊内倒入大量碘酊,这万万不可。大量碘酊可通过腹股沟管进入腹腔,引发腹膜炎症。

(3)健康的仔猪才能去势,患病猪或僵猪最好不去势,疫病流行期或有疫情威胁时也不宜去势。

(4)去势最好选在阳光明媚的天气进行,而阴雨天最好不做。

(5)去势前至少空腹12小时。

(6)防疫、去势、断奶、驱虫最好不同日进行。

(7)注意人、猪安全,切勿踩伤仔猪。手术人员在保定时,两脚压力要适当,既要牢固地保定仔猪,又不至于把仔猪踩伤。同时,切勿刀伤自己。

(8)手术位置和切口大小适宜。小公猪睾丸切口在睾丸后侧偏下方为宜,但切口不能过大。如果切口大,术后应缝合1～2针。小公猪遇到隐睾时,应倒提,在腹股沟管处切开,取出睾丸,结扎、缝合,局部消毒。

(9)初学者多出现定位不准确、指压无力、按不下去的现象。不要盲目扩大切口,否则术后必须缝合。

(10)预防破伤风:对于破伤风常发地区,最好注射破伤风疫苗。特别强调稀释液一定要用指定的稀释剂,有的兽医用井水稀释疫苗,必须禁止。

小结:仔猪去势是所有商品猪场和普通农户养猪必须做的,去势后的猪安静,不再发情,不再影响采食和休息,不再骚扰其他猪,不再搅得四邻不安,不再影响猪群生长。待去势的猪要健康无病,去势前要空腹12小时,施术时要无菌操作,术后要加强管理,防止感染。除采取手术去势外,也可以采取无血去势法(注射去势),更安全有效,还能杜绝破伤风产生。

第五节 顺利度过“断奶关”

仔猪21日龄后,母猪产乳量逐渐减少,仔猪依靠母乳已经远不能满足需要。在1月龄左右就应该断奶,使母猪再次发情配种,增加母猪年产仔窝数。仔猪断奶后,就应该转入保育猪群,接受新的饲养管理。

一、合适的断奶时间

在欧盟,最小的法定断奶日龄为28天。在我国北方,多数猪场仔猪断奶的时间是在30～35日龄。也有一些养猪场采用21日龄或更早日龄断奶。21天断奶称为早期断奶。仔猪出生1周后自身免疫系统才开始启动,到3周龄时才正式建立自身免疫系统。据此，仔猪断奶时间最好在 3 周龄以后。有些国家规定仔猪在 21 日龄前不许断奶是有一定的科学依据的。

仔猪理想的断奶日龄应根据猪场的管理水平和设施条件来决定。有些猪场盲目追求母猪的年产窝数，或因产床少、其他母猪待产而将仔猪早断奶，结果影响了仔猪生长发育。应该知道养猪的生产成绩是群体成绩，即猪的数量和窝重。仔猪断奶日龄偏大时，可使仔猪断奶后生长发育加快，抗病力增强，出栏提前。如果提前断奶，仔猪体不强健，长势迟缓，患病多，出栏晚，最终效益不理想。采用 28～35 日龄断奶，可使母猪年产 2.3～2.4 窝，在北方地区较受百姓欢迎。

二、理想的断奶条件

作为一个猪场，仔猪什么时间断奶，决不能根据日龄判断，养猪户必须掌握以下关键要点：

（1）看仔猪是否都能很好地采食饲料。如果离开母乳后，仔猪都能靠吃料就可以健康生长才能考虑断奶。

（2）看仔猪体重是否达到 8 千克以上（最低也不能低于 6 千克）。8 千克以上的仔猪活动能力、适应能力、抗病能力都较强，生长速度也较快，一般猪场如果产床够用，应该提倡在 8 千克以上断奶。

（3）看仔猪是否体质健康。如果体质较差，应该适当延长哺乳时间。

(4)防止断奶应激。断奶越早,体重越小,应激反应越大。仔猪早期断奶后的1周之内,消化道里的胰脂肪酶、胰蛋白酶、胃蛋白酶活性显著降低,降到断奶前水平的1/3,使仔猪消化功能降低,消化不良而导致腹泻。

三、断奶方法

仔猪断奶分为逐渐断奶法、分批断奶法和一次性断奶法等3种方法,要根据实际情况具体选择。

1.逐渐断奶法

当即将断奶的仔猪大小不均、母猪又不急于下床时,可以采用此法。具体做法是在仔猪预期断奶前4天左右,把母猪与仔猪暂时分开,让仔猪定时吮乳,逐渐减少哺乳次数,到预定日期完全停止哺乳。或者在预计断奶前4天左右(一般是4~5周龄时),白天将母仔分开,夜间再让母仔相聚,经4天后母仔彻底分开。这种方法逐渐提高仔猪独立生活、采食饲料的能力,减少断奶腹泻的问题。缺点是费工费时。

2.分批断奶法

在中小规模养猪场,如果饲养条件一般,仔猪长势不太均衡,建议采用分批断奶法。

根据仔猪采食量、体重大小和体质强弱分成2~3批断奶。发育好、食欲强、体格大的仔猪先断奶,隔2~3天再调走体重、采食中等的,而那些发育差、食量小、体重轻、体质弱的仔猪适当延长哺乳期。这种方法的优点是保证仔猪断奶体重比较均衡,后期生长发育正常,不至于因断奶体重差异大、体质强弱差异大引起强夺弱食导致僵猪出现。缺点是断奶时间拖得较长，费工费力，不易管理。

3. 一次性断奶法

仔猪生长到一定日龄，全部断奶，母仔永远隔开。这种断奶法又称果断断奶法。

(1)去母留仔　把母猪调到其他圈舍，仔猪仍保留在原来的圈中用原来饲料饲养一段时间。这种方法可以减少仔猪断奶应激。

(2)去仔留母　把仔猪全部调走，母猪留在圈中。去仔留母的断奶方法在仔猪断奶日龄较大时(一般 5～6 周龄)采用。仔猪日龄较大，适应性较强，采食能力和抗病能力也都很强，不至于因环境改变引起不适。

四、防止断奶应激

仔猪断奶应激可降低免疫力，使仔猪抗病力减弱，最容易发生的是大肠杆菌性腹泻，多发于断奶后 4～10 天。仔猪腹泻同时出现肠道、脸部等部位水肿，故称水肿病。其原发性因素主要是由于断奶应激造成肠道损伤，致病性大肠杆菌趁机大量繁殖，导致水肿病发生。研究表明：仔猪的饲料与断奶后腹泻存在着因果关系，水肿病与仔猪消化不良、腹泻有关。因此，配制适合仔猪生理特点的容易消化的饲料非常重要。糊状料可以减少断奶后腹泻发生率。

断奶仔猪应该在原来的环境中继续饲养 1 周，但是目前集约化猪场多半是断奶即换圈，母仔全撤离，然后对原圈进行彻底冲刷消毒。

五、断奶注意事项

(1)转群抓猪时必须注意科学方法,生产中最忌讳抓猪耳或抓猪的一前肢。

(2)仔猪断奶时,如果是冬季,所居的环境温度应该提高1～3℃。

(3)仔猪饲养中应维持原来饲料,持续 1 周后再更换饲料。

小结:哺乳仔猪饲养到一定时期,必然要断奶,断奶的时间要合理选择,北方地区多在 30～35 日龄断奶。断奶方法要合理确定,究竟采取一次性断奶,还是分批断奶,还是逐渐断奶要根据生产实际来决定。如果条件允许,应该适当推迟断奶时间,以得到更大的断奶后日增重。断奶时按季节不同适当提高环境温度,断奶后要逐渐更换饲料而不能立刻换料,这样可以有效防止断奶后腹泻的发生。

第七章　保育猪饲养管理

保育猪是指断奶后到70日龄的仔猪。保育猪离开母亲温暖的呵护、离开产床舒适的环境，转到陌生的新环境，完全靠自己独立生活。其对饲料的消化能力、对环境的适应能力、对疾病的抵抗力都发生了变化。我们要针对这些特点采取适宜的饲养和科学的管理，确保保育猪健康，发挥其最大的生长潜力，达到最大的增重。

第一节　科学饲养保育猪

保育猪进入独立生活阶段，完全靠自己采食饲料维持生命和增加体重，我们要通过合理的饲料供应和科学饲养，提供充足的营养，促进其快速生长。

一、保育猪的生理特点

1. 食欲旺盛，生长发育快

保育猪的食欲特别旺盛，猪与猪之间在料槽紧张的情况下，常表现出抢食和贪食现象。其相对增重特别快，饲料报酬特别高，单位增重需要的干物质少。

2. 消化力减弱

断奶后的仔猪采食量增加，但其消化系统发生了显著变化，消化力明显减弱。主要是因为小肠绒毛出现严重的萎缩。当未消化的食物到达大肠时，被微生物分解，产生甲烷、硫化氢等有害物质，刺激肠蠕动加快，引起肠道渗透压升高，最后导致腹泻。

3. 对环境生疏好奇

到新环境的仔猪，一切都是陌生的，对环境中的一切都感到好奇。仔猪通过嗅觉闻遍各个角落。从生理角度来分析，这是在寻找采食区、饮水区、休息区、排泄区。

4. 对疾病抵抗能力差

在此期间，抵抗力还不是很强，容易在各种应激下受到感染而发病。

保育猪刚断奶时母仔分离，有的场仔猪立即下床转到新舍，此期间对环境温度特别敏感，断奶前的温度已经不能满足仔猪断奶后的生理需要，北方仔猪在冬季断奶时，需要提高环境温度 2℃，温度转变要有一个适应过程，如果环境温度不能满足生理需要，不仅影响其生长发育，降低饲料报酬，还能降低抵抗力，诱发多种疾病。

二、合理饲养保育猪

1. 合理调制饲料

将饲料原料去杂、合理粉碎，颗粒直径在 0.5～0.8 毫米左右。配制混合料时，机械搅拌以横卧式机具为好，人工搅拌至少在 3 次以上，并且先把微量添加剂与少量饲料混合，再与稍多量饲料混合，再与更多量饲料混合，最后再与全部饲料均匀混合。禁止混合不均。

2.合理饲喂

(1)逐渐变换饲料　仔猪在刚断奶时要继续应用原来饲料,维持几天后再逐渐更换成保育猪料,切忌突然换料。为了减少因饲料变化造成仔猪应激,在仔猪断奶后第一周继续饲喂原来的乳猪料;第二周开始按照 4∶1、3∶1、2∶1、1∶1、1∶2、1∶3、1∶4 的比例逐渐更换新料,到第三周完全转变为保育猪料。对于僵猪和病弱猪可适当延长饲喂乳猪料的时间。

(2)合理选择料型　料型包括干粉料、颗粒料、湿拌料、粥料等 4 种。

使用干粉料:可以是自己完全配制的,也可以是购买的浓缩料再加入能量饲料而成。不加水,应用方便,可减少霉变概率。但是相对来说猪采食不便。

使用颗粒料:颗粒料一般都是饲料厂按合理配方加工而成,口味好,营养全面,应用方便,不易霉变。猪对颗粒料的亲和力最强。

使用湿拌料:是按料水比 1∶1 混合而成。猪对湿拌料亲和力仅次于颗粒料。对于干粉料与湿拌料,猪喜欢采食湿拌料。从生长速度来看,采食湿拌料要比干粉料和粥料好得多。但是相对来说费工,夏季容易酸败,在食槽的边缘角落所剩的残料必须及时清扫干净。

使用粥料:粥料是料水比例在 1∶3 以上的流体料型,极易酸败,猪对这种料型亲和力较差,并且应用不便,猪的生长速度会受到严重影响,属于传统的养猪方法。除了个别时候对母猪、开食仔猪使用外，保育猪、种猪、育肥猪都不应该采用。

(3)科学选择料槽

条形料槽(图 7-1)：料槽呈长条形。有金属、木、水泥制品。条形料槽适合于饲养量较大、按固定遍数供料时使用。

图 7-1　条形料槽

碗式料槽(图 7-2)：上口和下底都是方形。有金属制品、水泥制品等，农村有的散户用破缸改制而成。主要适合于农户饲养量很少时使用。

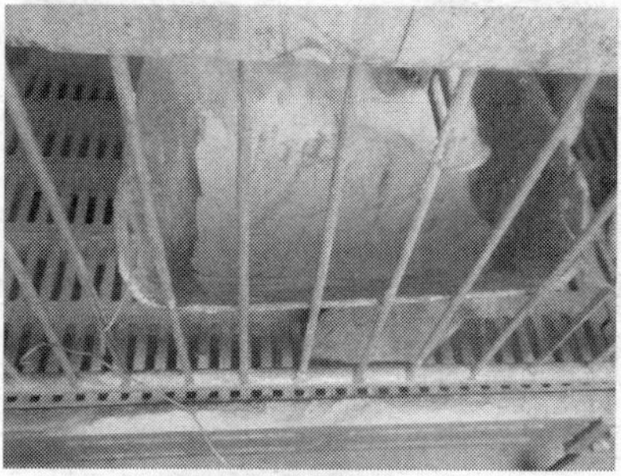

图 7-2　碗式料槽

自动料槽(图 7-3):有金属制品、水泥制品。上面是不同形状的漏斗,下面是触及式漏料口。对不同规模的猪场都适合。主要用于保育猪、育肥猪及哺乳期母猪自由采食时,有利于发挥最大的生产潜力。

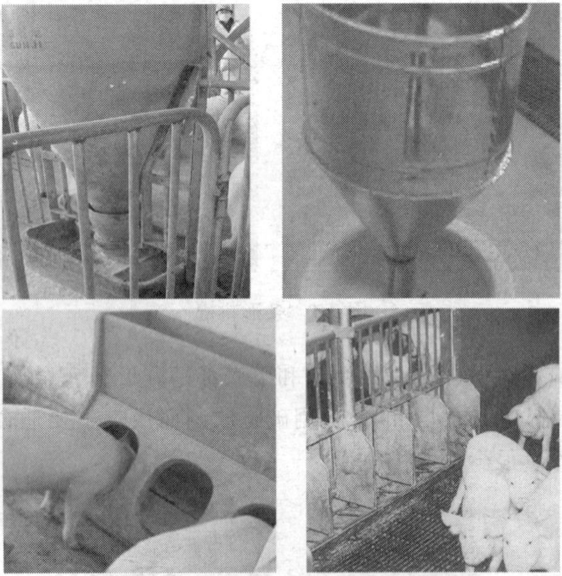

图 7-3　漏斗式自动料槽

墙外填料式料槽(图 7-4):填料口设置在圈舍隔墙外,填料后饲料自动流入墙内的食槽内,干湿料均可。适合小型圈舍饲养量不是很大时使用。

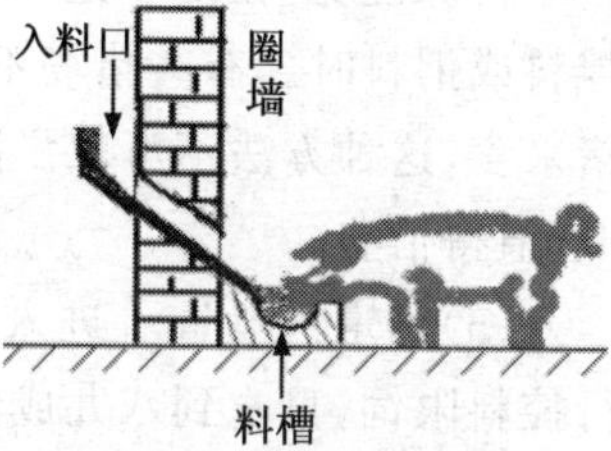

图 7-4　墙外填料式料槽(左:外形图,右:模式图)

各类料槽评价:有些料槽样式不够美观,不够先进,但是耐用;有些料槽美观、先进、容易刷洗,但是不耐用(图 7-3 右上),需要设置特殊的防护装置,否则往往被猪拱坏。

(4)食槽数量　要有足够数量的槽位,每头猪应该占 30 厘米以上宽度的槽位,防止过度拥挤影响采食(图 7-5)。

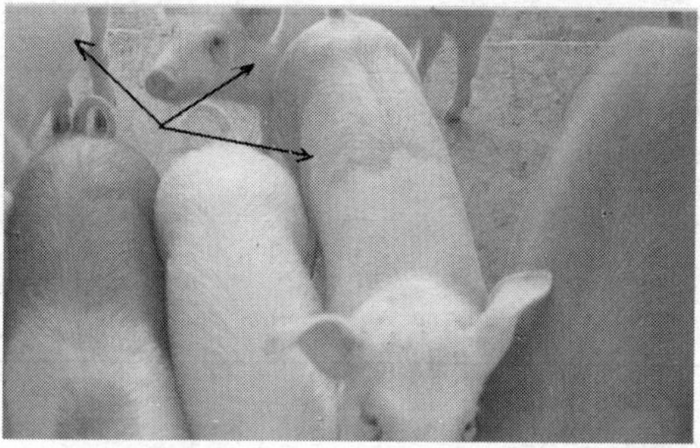

图 7-5　槽位不足的猪群部分猪抢不上槽

特殊说明:在夏季适时刷洗食槽很必要,特别是饲喂湿拌料或粥料时。有些猪场不设食槽,把饲料直接撒向地面供猪采食,这种方法不可取。国外养猪按猪大小调整食槽的高低,值得借鉴。

(5)确定饲喂量　进入育成舍的第一周内,对仔猪要进行控料限饲,只吃到八九成饱,这样既可增强消化能力,又能保持旺盛的食欲,并能有效地预防水肿病和腹泻性疾病的发生。每次饲喂后要进行检查,了解饲料量是有剩余还是欠缺,以便及时调整(表 7-1)。对保育猪要求提供优质的容易消化的全价饲料。1 周以后,采用自动料槽自由采食,而不是在槽中一次性添加很多饲料。如果在槽中一次性添加饲料过多,则猪会厌食槽底剩料。

表 7-1　保育猪对饲料需求量

周龄	补料量/(克/天)
6	340
7	460
8	620
9	800
10	1 000

3. 合理供水

(1)供水质量和用量　水中细菌数不大于 30 万/毫升,酸碱度 pH 6～8 为好,其他指标都应符合饮用水要求。料水比例 1∶(3～5),即吃 1 千克饲料要饮水 3～5 千克。此外,应考虑其他用水量,如冲刷圈舍用水量很大。

(2)饮水设备　饮水设备有自动饮水器和人工给水的简易饮水器具。

自动饮水器常见有鸭嘴式饮水器、圆头式饮水器和碗式饮水器。前两者一般 10 头猪一个(每栏至少 2 个),碗式饮水器可以 15 头猪一个。保育猪舍内饮水器有 35 厘米和 50 厘米两个高度。下面的水嘴可以水平安置,上面的水嘴可以适度向下倾斜。鸭嘴式饮水器、圆头式饮水器材质以不锈钢和铜为佳,使用寿命长。这两种饮水器比较卫生,但是目前应用圆头式较多,而鸭嘴式应用在减少,因其特别容易刮伤猪。碗式饮水器饮水方便,水浪费少,相对来说猪喜欢这样的饮水器,但是难以保持卫生。

在自动料槽下方并列设置料槽和水槽,猪饮水最方便,但最难保证卫生,特别是发酵床养猪的猪舍内不适合这种饮水器。

人工给水的简易饮水器具多用金属槽,个别农户用汽车外胎改制,水量较充足,猪饮水时间短,但是难以保持卫生,夏季容易变臭,还不利于保持环境干燥。在环境温度较高时,猪为了降温常进入水槽中浸泡,下次给猪饮水时必须经过刷洗才能使用。这种饮水器常常不能使猪时时都能饮到水。

(3)常备饮水　保育猪需水量比哺乳仔猪大得多,应该时刻都能饮到清洁的水。在每天全部时间里,饮水次数要比采食次数多。

第二节　科学管理保育猪

保育猪开始独立生活，要适应各类应激、抵御各类不良因素的侵袭。通过科学管理，提供舒适环境，达到快速生长目的。

一、提供合适的环境

1. 提供合适的环境温度

北方冬季断奶后进入保育阶段最初几天应将仔猪的环境温度提高 1～3℃，在这样的环境中，猪的生理代谢才能正常，否则仔猪抵抗力会严重下降，甚至继发某些疾病（表 7-2）。

表 7-2　不同周龄猪适合的环境温度

周龄	猪需要的最佳温度/℃
4～5	29～28
6～8	28～26
9～12	26～24

采用红外线（图 7-6）或暖风供暖，可以迅速提高舍内温度。也可以采用地下电热（图 1-2）、热风机（图 7-7）、火墙等供暖，但应注意安全。抚顺市瑞丰饲料厂研究设计的阳光猪舍可有效提高舍内温度（图 7-8），冬季猪舍阳光照耀，温度升高。打开通风带，舍内污浊气体排出，新鲜空气进入。舍内

铺设的电地热，有效防止了地凉造成猪腹泻现象。夏季可以遮阳，减少过多的强光照射，同时，自然通风与机械通风相结合，有效防止高温应激。小气候环境控制得好，不用过多应用消毒剂，不用过分强调疫苗注射，而是靠舒适的环境实现福利养猪，提高猪的免疫力，猪健康无病，生长快。这种健康养殖模式经实际验证，效果良好，已在辽宁地区大面积推广。

图 7-6 育成猪红外线取暖

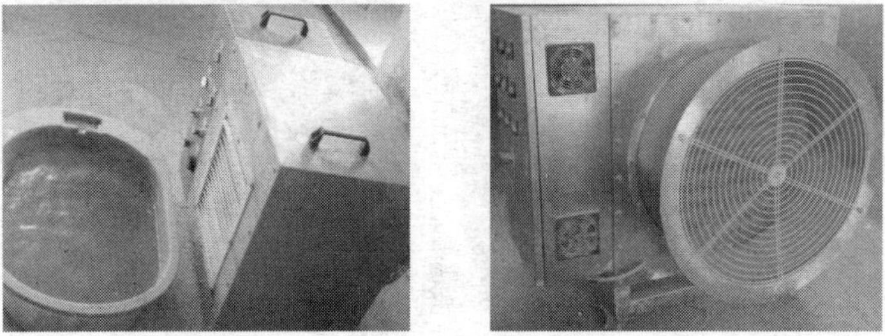

图 7-7 热风机

图 7-8　阳光猪舍

2.控制合适的湿度

相对湿度控制在60%～75%。猪舍应该排水良好,湿度适宜,切忌在低温高湿环境中养猪。在没有任何取暖设施的潮湿地面猪往往不得安身(图7-9)。实践中网床饲养效果较好,见图7-10。

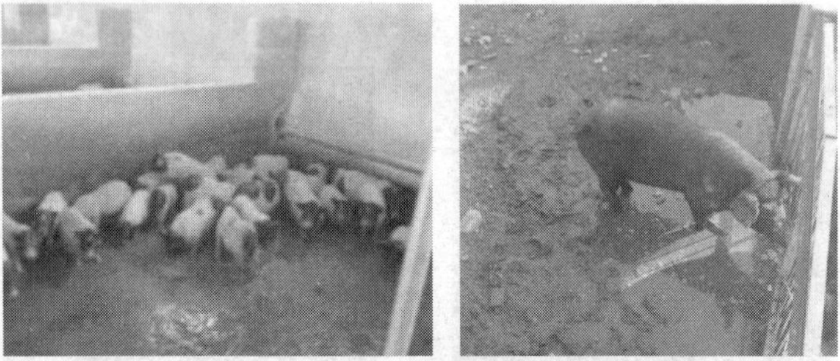

图 7-9　猪在肮脏潮湿的地面无处休息

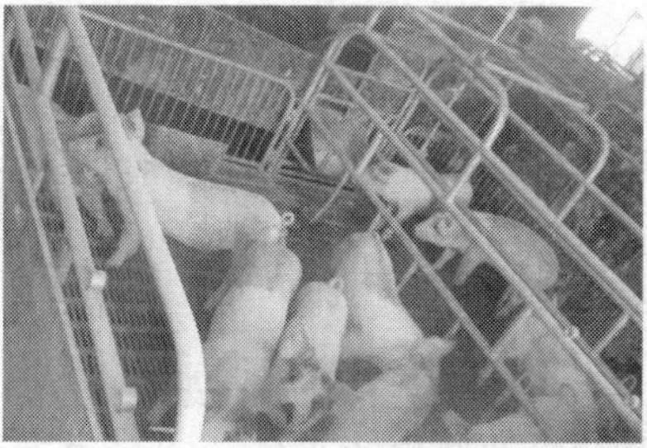

图 7-10　网床上饲养保育猪

3. 控制舍内空气环境

加强通风换气，为猪只提供清新舒适的生产生活环境。屋顶设置天窗或自动排风扇，舍的两端设置电动风机（正压还是负压按照需要而定）（图 7-11），风机大小和数量按饲养量和换气量决定。夏季加大通风量有利于防暑，冬季要考虑不能因为通风换气而致舍温降低过多，同时注意，气流不要直接吹到猪体上，更不能有贼风。

图 7-11　负压式风机

二、合理控制密度和“三点定位”

根据不同品种、不同性别、不同性情、不同生理时期、不同体重等进行合理组群，并注意看护，减少保育猪争斗现象的发生。当重新合群时，至少要看护两天以上，防止咬伤。在兼顾圈舍面积的情况下，应该尽量减小密度，防止密度大造成的应激。一般每头保育猪占地面积 0.5 米^2 以上。密度大时，影响采食和休息，同时腹泻增多。

管理实践中要加强调教，使猪群吃、拉、睡“三点定位”，保持圈舍清洁卫生。

三、做好保育猪保健工作

1. 减少各种应激

做到环境清净、肃静，杜绝外来人员进入舍内，杜绝其他动物进入猪舍。

2. 促长

在饲料中有计划地添加促生长剂可有效地促进保育猪快速生长。按照猪的需要提供氨基酸类、维生素类、矿物质类、酶制剂、微生物、抗氧化剂、防腐剂、防霉剂、调味剂及诱食物质、糖类物质及其他成分。选购的饲料添加剂或预混料（图 7-12），一定要是符合饲料卫生标准的并且是农业部“饲料添加剂品种目录(2013)”中规定的产品。

图 7-12　仔猪饲料

3. 疫病防控

参见本书第四章。

4. 驱虫

在保育猪阶段，驱除体内寄生虫应首选伊维菌素进行注射驱虫。伊维菌素是新型的广谱、高效、低毒抗生素类抗寄生虫药，可以使猪蛔虫、多种线虫驱除率达 94%～100%，对肠道内旋毛虫也极有效。使用方法是皮下注射，一次量按每千克体重 0.3 毫克。

也可以用阿苯达唑驱虫。这是我国兽医临床使用最广泛的苯并咪唑类驱虫药，低剂量即对猪蛔虫、部分线虫具有极佳驱除效果。使用方法是内服，每千克体重 5～10 毫克。

5.防蚊蝇

(1)猪舍环境喷药　在环境中喷洒药物,直接杀死蚊蝇。可以用溴氰菊酯等,高效低毒,对人、猪几乎无害。

(2)饲料中添加药物　按一定比例在饲料中添加环丙氨嗪,对在粪便中繁殖的几种常见的苍蝇幼虫,有很好的抑制和杀灭作用,减少成蝇产生。根据抚顺连生牧业有限公司应用调查,效果良好,猪场内几乎见不到苍蝇。

(3)使用高科技产品防蚊　应用紫外线灭蚊灯、仿生灭蚊器等,效果良好,经济适用,绿色环保,安全有效。现在有电蚊香,也可以试用。

(4)处理粪堆　将每天产出的猪粪堆积发酵,同时用塑料布将粪堆密闭,不透空气。经过1周后,蝇蛆窒息而亡。

(5)死水中投药　水沟、水面等处是蚊子产卵的场所,在水沟里放置杀虫药杀死虫卵,可阻断蚊子繁衍,大大减少猪场内的蚊子数量。但是最好是防止场内有积水。

(6)悬挂门帘窗纱　这是阻挡蚊蝇进入舍内常用的方法,效果良好。任何猪场都适用。

(7)清洁环境　保持场内清洁无污物,特别是产房的胎衣、羊水、子宫排泄物、死胎等最吸引苍蝇,要及时清除深埋,做到无杂草、无积水、无垃圾、无臭味。

(8)种植番茄　番茄秧可以散发出特殊气味,有一定的驱蚊效果。因此,可以在猪舍前后栽种番茄。

(9)舍内摆放驱蚊植物 七里香、食虫草、逐蝇梅、薄荷、薰衣草等都可以起到一定的驱蚊效果。如摆放在舍内,还有一定的美化环境作用。

6. 灭鼠

(1)投药灭鼠 根据鼠的生活习性,有针对性地选择鼠洞、鼠道,投放鼠药。这种方法见效快、成本低,但是容易引起人畜中毒。要注意选择对人畜安全的低毒药物,并且专人负责撒药布阵、捡鼠尸。鼠有记忆特性和同伴传递信息的特性,一旦有鼠吃了某"食物"产生中毒现象,其他鼠就会避开这种"食物"而行,不再采食这种食物。另外,鼠之间通过信息的传递,会对这种"食物"视而不见。现在剧毒鼠药已经很少应用,常用的灭鼠药主要是破坏血液中的凝血酶原使其失去活力,使毛细血管变脆,内脏出血而死亡。此类药物的特点是老鼠吃了这种"食物"后,不产生急性中毒症状,其他老鼠不会对这种"食物"产生怀疑,中毒鼠也不会告诫其他鼠"中毒"原因,其他鼠不易产生拒食现象,另外对人畜也比较安全。

鼠药换代产品世双鼠靶(20.02%地芬·硫酸钡饵剂)(图 7-13)属于生物灭鼠剂,安全、环保、彻底、快速。该药作用机理是以物理方式促使害鼠肠道梗塞致脏器衰竭死亡,以硫酸钡等做诱食剂,对人畜无害,靶向定位。特别是可以阻断害鼠间信息传递,不易产生耐用性,害鼠死后干瘪无臭味,其他鼠不产生拒食现象，可以连续应用。

（2）粘贴板灭鼠　将现代高科技研制的高强度粘贴板放于老鼠出入处或经常活动的地方，只要老鼠身体接触就被粘牢固，不能逃脱。

（3）捕鼠器灭鼠　将鼠夹子或电子捕鼠器（电猫）放在鼠洞、鼠道上，放好诱饵，常起到理想的捕捉效果。

图 7-13　世双鼠靶灭鼠剂

（4）建筑防鼠　猪舍建筑的墙基、地面、门窗等坚固，平时对发现的鼠洞立即封堵。窗子设置铁网，门严密无缝，防止老鼠进入室内。

（5）饵料中加入水泥　将食物研碎，加入一定比例的水泥，放在老鼠经常活动和出入的地方。当鼠吃进这种饵料后，水泥在消化道内凝固，不能排出，老鼠活活憋死或不能采食被饿死。这种方法对新场效果还可以，但是时间长后，老鼠不再上当，可能是得到了上当鼠的信息传递而醒悟。

7. 环境保洁

（1）绿化　场区在不影响采光情况下栽种高大阔叶树，道路以外的部位种植草坪。

（2）增加紫外线照射　在消毒室及猪舍入口处，安装紫外线灯，选择 C 波段（UV-C）灭菌紫外线灯（波长范围为 275～200 纳米）。猪舍建筑时，应该考虑采光问题，可以设计半钟楼式房舍，必要时屋顶设置采光瓦。

（3）粪便垃圾处理　小型猪场可将粪便及垃圾堆积发酵，利用生物热起到有效地消毒、杀灭寄生虫卵的作用。大型猪场可以用粪尿生产沼气，也可生产颗粒有机肥。

（4）动物尸体处理　大型猪场设置动物尸体无害化处理罐，小型猪场最起码也要将尸体焚烧、深埋，严防病死猪成为传染源。

第八章　育肥猪饲养管理

育肥阶段是商品猪生产的最后一个流程，在实际生产中占有很重要的地位，但是往往人们对它的认识不是很充分，把最低水平的饲养员和饲养设备分配到了育肥环节，长此以往，出现“双高”的现状，所谓“双高”就是料肉比高和死淘率高，严重影响了经济效益，所以应加强育肥猪的饲养管理，不能忽视这一重要环节。

第一节　科学饲养育肥猪

对养殖场来说，育肥猪管理相对简单，猪对环境条件的要求也比较低，但是为了获得更高的经济效益，必须掌握育肥猪的生长发育规律，科学饲喂，科学管理，掌握适宜的出栏时间。

一、育肥猪的生长发育规律

根据育肥猪的生理特点和发育规律，我们按猪的体重将其生长过程划分为两个阶段，即生长期和育肥期。

1. 生长期的生长发育规律

体重 20～60 千克为生长期。该阶段猪机体各组织、器官的功能不很完善，尤其是体重 20 千克左右的猪，其消化系统的功能还较弱，影响了营养物质的吸收和利用，并且这一阶段，猪胃的容积较小，神经系统和机体对外界环境的抵抗力也正处于逐渐完善阶段。此阶段主要是骨骼和肌肉的生长，而脂肪的增长比较缓慢。

2. 育肥期的生长发育规律

体重 60 千克到出栏为育肥期。该阶段猪的各个器官、系统的功能都逐渐完善，尤其是消化系统，对各种饲料的消化吸收都有了很大改进；神经系统和机体对外界的抵抗力也逐渐提高，能够较快速地适应周围温度、湿度等环境因素的变化。该阶段猪的脂肪组织生长较快，肌肉和骨骼的生长较为缓慢。

二、育肥猪对饲料的要求

1. 育肥猪的营养需要

育肥猪的经济效益主要是通过生长速度、饲料利用率和瘦肉率来体现的，因此，要根据育肥猪的营养需要配制合理的日粮，以最大限度地提高瘦肉率和肉料比。

2. 育肥饲料的配制

根据育肥猪机体对各种营养物质的需要量，及各类饲料原料中营养物质的种类和数量来科学配合育肥猪日粮，要形成定时饲喂、定量饲喂的制度，根据当地气候、饲料种类、食欲、粪便等情况灵活掌握日粮配方。多种饲料合理搭配，不可以饲喂单一的饲料原料。日粮的配方不要变动太大，饲料变更时要循序渐进，逐渐过渡，一般 4 天左右完成。用来做育肥猪饲料配方的原料主要有 7 种。

(1)粮食类　也称能量饲料,是指自然含水量低于45%,干物质中粗纤维低于 18%,粗蛋白低于 20%的饲料。主要有:玉米、高粱、小麦、大麦等。

(2)糟渣类　主要包括酒糟、醋糟、豆渣、蔗渣等。一般用量为饲料总量的 5%～10%。注意:妊娠期的母猪和育肥后期的生猪不可投喂酒糟。

(3)糠麸类　主要包括麦糠、米糠、稻糠等。用量为饲料总量的 15%。

(4)饼粕类　主要包括花生饼、菜籽饼、大豆饼、芝麻饼、棉籽饼等。配合比例一般为饲料总量的 20%。棉籽饼、菜籽饼、花生饼、大豆饼营养成分比较高,可适当多放一些。

(5)青饲料　主要包括蔬菜叶、蔬菜根、浮萍、水葫芦、苜蓿、苕子等农作物的叶、藤。由于青绿多汁、营养丰富、好消化,一般可占饲料总量的 40%。

(6)矿物质　主要包括食盐、磷酸钙、蛋壳粉、贝壳粉、碳酸钙等。用量多数为饲料总量的 2%,食盐用量不要超过 0.5%。如若要添加微量元素,要严格按规定量使用,如铜添加量在日粮中不要超过 250 毫克/千克。

(7)动物性饲料　主要包括鱼粉、蚕蛹、骨粉、血粉等。用量约为饲料总量的 6%。但需要注意:仔猪不能喂血粉。育肥猪饲料中鱼粉可配 5%～8%。使用这类饲料的时候应注意钙和磷的含量和比例。

在配制猪饲料配方的时候,一定要考虑到饲料营养的全价性。同时,要使日粮总营养成分中粗纤维含量在7%以下。

三、育肥猪的饲喂

1.饲喂方式

饲喂方式有2种,即自由采食和限量采食。前者日增重较高,胴体背膘较厚;而后者饲料利用率较高,胴体背膘较薄。在肉猪生产实践中,要兼顾增重、饲料利用率和胴体瘦肉率3个因素。应当在60千克以前采取自由采食或不限量按顿采食,体重达到60千克以后,应该采取限量采食或者每顿适当控制饲喂量的方法。这样既不会影响猪的增重速度,又不会影响猪的胴体质量。在饲喂前注意检查料槽内是否有剩余的受潮发霉饲料,如果有,则要及时清除,然后再饲喂。

2.日喂次数

(1)小猪阶段(20～35千克)　该阶段猪的肠胃容积小,消化能力差,而相对饲料需要量多,适合每天喂3～4次,饲料主要以蛋白质饲料和能量饲料等精饲料为主。

(2)中猪阶段(35～60千克)　该阶段猪的消化能力有所增强,肠胃容积增大,适合每天喂2～3次。

(3)大猪阶段(60～100千克)　该阶段猪的生理发育基本成熟,沉积脂肪能力大大增强,每天适合喂2～3次,且要限量饲喂。每次饲喂的时间间隔应该保持均衡,饲喂时间应该选在猪食欲旺盛的时候。

四、给予充足清洁饮水

平时要保证供给育肥猪充足饮水。由于育肥猪出栏前的饮水中不能添加任何抗生素等影响产品质量安全的药物，因此，育肥后期育肥猪的饮水要清洁、干净，冬春季节不能直接饮用冰冷的水，否则会引起猪肠胃不适，诱发猪腹泻病，影响猪的生长和出栏。夏天气温高时，育肥猪的体温也会受到影响，高温会造成猪热应激，甚至中暑。若饮水充足，猪只的体温就会在水的调节下维持恒定或不至于升高太多。育肥猪还可以通过急促呼吸将肺部和呼吸道水气排出体外，以水汽带走体内多余热量。

育肥猪的饮水量会随着环境的变化而改变，例如：环境温度、体重、采食量及日粮特点等的变化都会引起饮水量改变。冬季育肥猪饮水量为饲喂风干饲料数量的3倍左右或者猪体重的15%左右；而在夏天为采食风干饲料量的5倍或猪体重的25%左右；在春秋时期约为饲喂风干饲料量的4倍或猪体重的16%左右。饮水设备最好使用自动饮水器，确保饮水清洁卫生，防止饮水污染引发疾病。

第二节　科学管理育肥猪

一、科学的育肥方法

我国常用的育肥方法有一贯育肥法、阶段育肥法和淘汰成年种猪育肥法等。

1. 一贯育肥法

又叫一条龙育肥法。从仔猪断奶到育肥结束，全程采用较高的饲养水平，实行均衡饲养的方式，一般条件下育肥到160～165日龄时，体重可以达到90～100千克，条件较好时，150日龄体重即可达90～100千克。一贯育肥法适用于规模化养猪场，需要有相应的经济承受力。

2. 阶段育肥法

又叫吊架子育肥法或分期育肥法。把猪分为幼猪、架子猪和催肥猪3个阶段。采用“一头一尾精细喂，中间时间吊架子”的方式育肥。该方法适合农户和饲养条件较差的地方使用。

3. 淘汰成年种猪育肥法

利用淘汰的成年种公猪、种母猪，去势处理后进行育肥的方法。为了改善肉的品质，并使猪只变得安静，往往要对猪进行去势处理。手术后的猪体质较弱，食欲差，要精心管理，饲喂易于消化的饲料，提高猪的食欲，促进机体恢复。当猪健康好转，外观毛色发亮，食欲增进时，可进一步增加富含碳水化合物的饲料，达到较好的育肥效果。

二、提供舒适环境

1. 舒适的环境空间

在育肥猪的生产过程中，环境控制是很重要的一个环节。必须创造出一个良好的外界环境和适宜的生产小气候，保持合理的饲养密度，才能获得最理想的育肥效果。育肥猪在养殖后期体重大，所占猪舍面积相对较大，如果是地面饲养，每圈以10～20头为宜，要有一定的活动场地，让育肥猪有适当的运动，使之在舒适的环境中生长。

2. 科学合理的饲养温度

育肥猪比较适宜的温度为：11～45千克时24～28℃，45～100千克时19～24℃；相对湿度控制在60%～70%之间。圈舍的保温与通风，是保持均衡温度的主要手段，饲养员要经常观察温度变化。另外需要注意的是，冬天为了保暖，猪舍的通风换气往往不够，空气中的有害气体含量可能会升高，这时应当通过换气、及时清理粪尿等措施来减少有害气体的释放。夏天，则应该加强通风，以达到降温换气的目的。

三、预防疾病

1. 按时预防接种

对猪丹毒、猪瘟、猪肺疫和仔猪伤寒等各类传染病都要进行预防接种。自繁自养的猪场应该按照免疫程序进行预防接种。有外购仔猪进场情况的，为保证安全要全部进行一次预防接种。

2. 定期进行驱虫

猪体内最为常见的寄生虫以蛔虫为主，蛔虫主要对4～6月龄的猪造成危害。病猪一般没有特别明显的临床症状，通常的表现有消瘦、生长发育慢、被毛缺乏光泽，严重时出现增重速度下降40%以上的情况，有的甚至成为僵猪。驱虫通常要在90日龄开始，常用的驱虫药物主要有左旋咪唑、阿苯达唑、阿维菌素等。左旋咪唑为广谱、高效、低毒的驱线虫药，对多种动物的胃肠道线虫和肺线虫成虫及幼虫均有高效，还有增强免疫力的作用。对猪蛔虫、兰氏类圆线虫、后圆线虫驱除率接近99%，对食道口线虫驱除率达72%～99%，对猪肾虫也颇为有效。阿苯达唑、阿维菌素驱虫效果参考保育猪驱虫部分。

四、适时出栏

育肥猪适时出栏应考虑屠宰率、肉质品质和经济成本三个因素。猪的生长发育规律是：前期增重慢，中期增重快，后期增重又变慢。据有关介绍，猪体重在10～70千克阶段，日增重随体重的增加而上升；体重在70～110千克阶段，日增重不再随体重的增加而上升，而是停滞在一定的水平；体重超过180千克时，日增重开始下降；由此可见，出栏体重过大时，日增重下降、饲料消耗多、成本增加，不经济；出栏体重超过110千克时，日增重少，虽然省饲料，但屠宰率低、肉质不佳，也不经济。

随着良种猪的普及和育肥综合配套技术的推广应用，仔猪体重达10～15千克就开始直线育肥，搞好驱虫、健胃、防疫与科学饲养管理，待其体重达到90～110千克时出栏，最为经济。这期间猪只增重快，育肥消耗的精料少，瘦肉率高，受广大消费者欢迎，养猪户获利也多。生产中可以从如下几方面确定育肥猪出栏时间。

1.根据市场行情确定出栏时间

根据市场价格波动变化,及时掌握价格涨落信息,综合各方面因素,确定最高效益的时间,继而确定合适的出栏时间。

2.根据生长速度确定出栏时间

在肉猪阶段,每日绝对增重较大,如果是三元杂交育肥猪,可以适当推迟出栏时间,以便获得更大的日增重。如果市场价格不会回落,可以养到 120 千克或更多。

3.根据健康状况确定出栏时间

猪的健康与效益关系极大,只要健康,优厚饲养,在 100 千克左右就能获得较高的日增重,就能得到较大的出栏回报率。

4.根据圈舍利用情况确定出栏时间

圈舍是养猪的重要环境,集约化养猪的圈舍条件都很先进,相对来说猪很舒适,在良好的环境中如果营养得到充分的满足,猪的生长速度一定很快。此时如果没有后续的架子猪急待圈舍,就应该适当缓出栏。

第三节 “绿色”猪肉生产

近年来,随着苏丹红鸭蛋、三聚氰胺奶粉及牛奶、地沟油、瘦肉精等食品安全问题的出现,人们对绿色、安全、健康食品的需求越来越高,对绿色安全食品的关注也越来越强烈。“绿色”猪肉是指按特定生产方式生产的不含对人体健康有害的物质或因素，经有关主管部门严格检测合格，并经专门机构认定、许可使用绿色食品标志的猪肉，它不仅有营养，最重要的是“绿色”猪肉吃得健康、吃得放心。

一、合理选址，科学设计猪场

新猪场选址要求远离居民区、动物养殖场、学校、主干公路、化工厂、矿山、采石场等场所，并应考虑本地常年主风向、区域空气流通等因素。对“绿色”猪肉生产而言，饲养环境是猪场面临的一项重要工作，废物、废水、废气、病死动物尸体等综合处理工作，不仅要求有足够的地方去兴建设施，而且在设计上要求科学合理，有利于废弃物收集、处理，如废弃物处理地要求建在本地常年主风的下风向和地下水走向的下游，而且远离核心生产区，距离生活区 500 米以上，搭设密闭的地下污水防渗专用管道和地上废物通道。

二、选择优质的种猪

生产“绿色”猪肉，从很大程度上是由猪的品系即遗传因素决定的。必须建立一个标准化的、优质健康的商品猪群，而优质标准化猪群的产生必须建立在优良的种群上。优质健康的种猪群是决定猪场生产效益的第一要素，具体操作要求是：

(1)要从依法取得“种猪生产许可证”的企业挑选种猪。

(2)要根据本场的生产技术和质量要求挑选有明显品种

特征的种猪。

(3)索取种猪系谱资料。

(4)对所挑选的引进种猪进行主要疫病的监测。种猪引进的同时,可能带入新的病原体,给猪场带来新的威胁。如果传入疫病,必定增加疫苗的使用、增加用药的种类,而疫苗、药物的使用是与生产“绿色”猪肉相悖的,所以引种前,一定要对目标种猪进行血清学、细菌学和病毒学检查。

三、供给安全、卫生、优质的饲料及饮用水

饲料和饲料添加剂是生产“绿色”猪肉的最关键因素,要获得“绿色”猪肉,就必须使用“绿色”饲料和添加剂。“绿色”饲料和添加剂具有以下几个特征:能明显提高动物生产性能;对畜禽产品的自然风味和品质无不良影响;畜禽的代谢排出物对环境无污染。使用的原料应来自无污染、无有害物质残留的良性生态地区;应选用消化率高、营养变异小、安全性高、抗营养因子少的原料,禁止使用工业合成的油脂、畜禽粪便、泔水等做饲料。应用的合成饲料及添加剂等产品应是取得生产许可证的正规企业生产的且具有产品批准文号,应遵照产品标签所规定的用法、用量正确使用。

水是猪赖以生存的物质,水中含有一定量的矿物质元素,但水中也极易含有杂质、污染物等。养猪生产中必须水源可靠,采用自动饮水器供应水,避免水质污染及疫病传播。

四、建立健全疫病防控体系

建立健全疫病防控体系，制定合理的免疫程序，做到应免尽免，防止出现免疫空白，要保证猪群常年处于有效免疫期内，并避免疫苗注射的盲目性。做好疫病防控，提高检疫技术，使检疫方法逐步达到简便、快速、准确、敏感、廉价和自动化。采取综合防制措施，同时，要分析疫病的流行规律，制定预报预测图表，早期采取措施，收到事半功倍的效果。新发现疾病的症状、病理变化，要研究新的诊断、防治方法及新药的使用方法，确保规模化猪场的疫病防治工作得到有序、有效地开展。

五、严格控制停药期

停药期是指食品动物从停止给药到许可屠宰或其产品作为人类食用前的一段时间。为确保生猪的卫生和使用安全，生猪在 60 千克时更换育肥大猪料，即进入停药期。在进入停药期的舍内必须悬挂醒目的停药期警示牌，以提醒本舍内的猪禁止用药，如发现病猪应转到病猪隔离区进行治疗，同时做好记录，待过了停药期方可出栏。中草药是安全绿色的药物，在畜禽常规性和季节性疫病预防时，最好采用当地盛产、价廉、有效的中草药，以防止产生耐药性和保证产品的安全。

六、屠宰检疫

屠宰场的设备设施应达到国家绿色食品生产统一标准的要求，屠宰工具应高温消毒，车间保证安全、卫生。检疫人员严格把好宰前、宰后检疫关，结合肉品品质检验（包括肉品二次污染情况、药物残留情况等），保证从屠宰点出去的肉品都是绿色的。

参 考 文 献

[1] 吴鑫.持续高温对育肥猪不同部位脂肪代谢的影响.中国农业科学,2015,(5):952-958.

[2] 刘鸣达.辽宁省育肥猪生产环境影响的生命周期评价.农业环境科学学报,2012,31(6):1250-1255.

[3] 吴正杰.绿色猪肉生产的技术及管理措施.中国畜牧兽医文摘,2014,(10):105.

[4] 滕文.浅析育肥猪的科学饲养管理技术.华章,2013,(29):337-338.

[5] 孙德欣.育肥猪出栏前的科学饲养创造养猪高效益.猪业观察,2014,(11):84-85.

[6] 李炳坦,赵书广,郭传甲.猪生产技术手册.北京:农业出版社,1990. 351-408.

[7] 张永泰.高效养猪大全. 北京:中国农业出版社,1997. 240-246.

[8] 李同洲.科学养猪.北京:中国农业大学出版社,2001. 320-384.

[9] 田有庆,杨远新,童晓莉.简明养猪手册.北京:中国农业大学出版社,2003. 244-249.

[10] 赵书广,金铮,高克勤,等.现代化养猪技术.北京:北京

科学技术出版社,1993. 102-147.
[11] 朱模忠. 兽药手册. 北京:化学工业出版社,2002. 148-149、157-160、167-169.
[12] 山东省畜牧兽医学校. 养猪学. 2 版. 北京:中国农业出版社,1994. 12-13、18.